主編 孫顯斌 高峰

中國科技典籍選刊

第七輯

國家古籍整理出版專項經費資助項目

二〇一一—二〇二五年國家古籍工作規劃重點出版項目

［明］傅浚 ◇ 著

鄭誠 ［俄］馬義德（Д. И. Маяцкий）◇ 整理

鐵冶志

山東科學技術出版社

圖書在版編目（CIP）數據

鐵冶志 /（明）傅浚著；鄭誠，（俄羅斯）馬義
德整理 . -- 濟南：山東科學技術出版社，2023.1
（中國科技典籍選刊 / 孫顯斌，高峰主編 . 第七輯）
ISBN 978-7-5723-1440-7

Ⅰ.①鐵…　Ⅱ.①傅…　②鄭…　③馬…　Ⅲ.①煉
鐵 - 冶金史 - 中國 - 古代　Ⅳ.① TF5-092

中國版本圖書館 CIP 數據核字（2022）第 210194 號

鐵冶志
TIE YE ZHI

責任編輯：楊　磊
裝幀設計：孫　佳
封面題簽：徐志超

主管單位：山東出版傳媒股份有限公司
出 版 者：山東科學技術出版社
　　　　　地址：濟南市市中區舜耕路 517 號
　　　　　郵編：250003　電話：（0531）82098088
　　　　　網址：www.lkj.com.cn
　　　　　電子郵件：sdkj@sdcbcm.com
發 行 者：山東科學技術出版社
　　　　　地址：濟南市市中區舜耕路 517 號
　　　　　郵編：250003　電話：（0531）82098067
印 刷 者：山東新華印務有限公司
　　　　　地址：濟南市高新區世紀大道 2366 號
　　　　　郵編：250104　電話：（0534）2671218

規格：16 開（184 mm × 260 mm）
印張：10.5　字數：208 千
版次：2023 年 1 月第 1 版　印次：2023 年 1 月第 1 次印刷
定價：98.00 元

中國科技典籍選刊

中國科學院自然科學史研究所組織整理

叢書主編 孫顯斌 高 峰

學術委員會（按中文姓名拼音爲序）

陳紅彦（國家圖書館）

陳 立（南京圖書館）

馮立昇（清華大學圖書館）

關曉武（中國科學院自然科學史研究所）

韓健平（中國科學院大學人文學院）

韓 毅（中國科學院自然科學史研究所）

黄顯功（上海圖書館）

李 亮（中國科學院自然科學史研究所）

李 雲（北京大學圖書館）

劉 薔（清華大學圖書館）

羅 琳（中國科學院文獻情報中心）

倪根金（華南農業大學中國農業歷史遺產研究所）

徐鳳先（中國科學院自然科學史研究所）

咏 梅（內蒙古師範大學科學技術史研究院）

曾雄生（中國科學院自然科學史研究所）

張志清（國家圖書館）

周文麗（中國科學院自然科學史研究所）

《中國科技典籍選刊》總序

  我國有浩繁的科學技術文獻,整理這些文獻是科技史研究不可或缺的基礎工作。竺可楨、李儼、錢寶琮、劉仙洲、錢臨照等我國科技史事業開拓者就是從解讀和整理科技文獻開始的。二十世紀五十年代,科技史研究在我國開始建制化,相關文獻整理工作有了突破性進展,涌現出许多作品,如胡道靜的力作《夢溪筆談校證》。

  改革開放以來,科技文獻的整理再次受到學術界和出版界的重視,這方面的出版物呈現系列化趨勢。巴蜀書社出版《中華文化要籍導讀叢書》(簡稱《導讀叢書》),如聞人軍的《考工記導讀》、傅維康的《黃帝内經導讀》、繆啓愉的《齊民要術導讀》、胡道靜的《夢溪筆談導讀》及潘吉星的《天工開物導讀》。上海古籍出版社與科技史專家合作,爲一些科技文獻作注釋并譯成白話文,刊出《中國古代科技名著譯注叢書》(簡稱《譯注叢書》),包括程貞一和聞人軍的《周髀算經譯注》、聞人軍的《考工記譯注》、郭書春的《九章算術譯注》、繆啓愉的《東魯王氏農書譯注》、陸敬嚴和錢學英的《新儀象法要譯注》、潘吉星的《天工開物譯注》、李迪的《康熙幾暇格物編譯注》等。

  二十世紀九十年代,中國科學院自然科學史研究所組織上百位專家選擇并整理中國古代主要科技文獻,編成共約四千萬字的《中國科學技術典籍通彙》(簡稱《通彙》)。它共影印五百四十一種書,分爲綜合、數學、天文、物理、化學、地學、生物、農學、醫學、技術、索引等共十一卷(五十冊),分別由林文照、郭書春、薄樹人、戴念祖、郭正誼、唐錫仁、苟翠華、范楚玉、余瀛鰲、華覺明等科技史專家主編。編者爲每種古文獻都撰寫了"提要",概述文獻的作者、主要内容與版本等方面。自一九九三年起,《通彙》由河南教育出版社(今大象出版社)陸續出版,受到國内外中國科技史研究者的歡迎。近些年來,國家立項支持《中華大典》數學典、天文典、理化典、生物典、農業典等類書性質的系列科技文獻整理工作。類書體例容易割裂原著的語境,這對史學研究來説多少有些遺憾。

  總的來看,我國學者的工作以校勘、注釋、白話翻譯爲主,也研究文獻的作者、版本和科技内容。例如,潘吉星將《天工開物校注及研究》分爲上篇(研究)和下篇(校注),其中上篇包括時代背景,作者事跡,書的内容、刊行、版本、歷史地位和國際影響等方面。《導讀叢書》《譯注叢書》《通彙》等爲讀者提供了便於利用的經典文獻校注本和研究成果，也爲科技史知識的傳播做出了重要貢獻。不過，可能由於整理目標與出版成本等方面的限制，這些整理成果不同程度地留下了文獻版本方面的缺憾。《導讀叢書》《譯注叢書》和其他校注本基本上不提供保持原著全貌的高清影印本，并且録文時將繁體字改爲簡體字，改變版式，還存在截圖、拼圖、換圖中漢字等現象。《通彙》的編者們儘量選用文獻的善本，但《通彙》的影印質量尚需提高。

歐美學者在整理和研究科技文獻方面起步早於我國。他們整理的經典文獻爲科技史的各種專題與綜合研究奠定了堅實的基礎。有些科技文獻整理工作被列爲國家工程。例如，萊布尼兹（G. W. Leibniz）的手稿與論著的整理工作於一九〇七年在普魯士科學院與法國科學院聯合支持下展開，文獻内容包括數學、自然科學、技術、醫學、人文與社會科學，萊布尼兹所用語言有拉丁語、法語和其他語種。該項目因第一次世界大戰而失去法國科學院的支持，但在普魯士科學院支持下繼續實施。第二次世界大戰後，項目得到東德政府和西德政府的資助。迄今，這個跨世紀工程已經完成了五十五卷文獻的整理和出版，預計到二〇五五年全部結束。

二十世紀八十年代以來，國際合作促進了中文科技文獻的整理與研究。我國科技史專家與國外同行發揮各自的優勢，合作整理與研究《九章算術》《黄帝内經素問》等文獻，并嘗試了新的方法。郭書春分別與法國科研中心林力娜（Karine Chemla）、美國紐約市立大學道本周（Joseph W. Dauben）和徐義保合作，先後校注成中法對照本《九章算術》（*Les Neuf Chapitres*，二〇〇四）和中英對照本《九章算術》（*Nine Chapters on the Art of Mathematics*，二〇一四）。中科院自然科學史研究所與馬普學會科學史研究所的學者合作校注《遠西奇器圖説録最》，在提供高清影印本的同時，還刊出了相關研究專著《傳播與會通》。

按照傳統的説法，誰占有資料，誰就有學問，我國許多圖書館和檔案館都重"收藏"輕"服務"。在全球化與信息化的時代，國際科技史學者們越來越重視建設文獻平臺，整理、研究、出版與共享寶貴的科技文獻資源。德國馬普學會（Max Planck Gesellschaft）的科技史專家們提出"開放獲取"經典科技文獻整理計劃，以"文獻研究＋原始文獻"的模式整理出版重要典籍。編者盡力選擇稀見的手稿和經典文獻的善本，向讀者提供展現原著面貌的複製本和帶有校注的印刷體轉録本，甚至還有與原著對應編排的英語譯文。同時，編者爲每種典籍撰寫導言或獨立的學術專著，包含原著的内容分析、作者生平、成書及境及參考文獻等。

任何文獻校注都有不足，甚至引起對某些内容解讀的爭議。真正的史學研究者不會全盤輕信已有的校注本，而是要親自解讀原始文獻，希望看到完整的文獻原貌，并試圖發掘任何細節的學術價值。與國際同行的精品工作相比，我國的科技文獻整理與出版工作還可以精益求精，比如從所選版本截取局部圖文，甚至對所截取的內容加以"改善"，這種做法使文獻整理與研究的質量打了折扣。

實際上，科技文獻的整理和研究是一項難度較大的基礎工作，對整理者的學術功底要求較高。他們須在文字解讀方面下足夠的功夫，并且準確地辨析文本的科學技術內涵，瞭解文獻形成的歷史與境。顯然，文獻整理與學術研究相互支撐，研究決定着整理的質量。隨着研究的深入，整理的質量自然不斷完善。整理跨文化的文獻，最好藉助國際合作的優勢。如果翻譯成英文，還須解決語言轉換的難題，找到合適的以英語爲母語的合作者。

在我國，科技文獻整理、研究與出版明顯滯後於其他歷史文獻，這與我國古代悠久燦爛的科技文明傳統不相稱。相對龐大的傳統科技遺産而言，已經系統整理的科技文獻不過是冰山一角。比如《通彙》中的絕大部分文獻尚無校勘與注釋的整理成果，以往的校注工作集中在幾十種文獻，并且沒有配套影印高清晰的原著善本，有些整理工作存在重複或雷同的現象。近年來，國家新聞出版廣電總局加大支持古籍整理和出版的力度，鼓勵科技文獻的整理工作。學者和出版家應該通力合作，借鑒國際上的經驗，高質量地推進科技文獻的整理與出版工作。

鑒於學術研究與文化傳承的需要，中科院自然科學史研究所策劃整理中國古代的經典科技文獻，并與湖南科學技術出版社合作出版，向學界奉獻《中國科技典籍選刊》。非常榮幸這一工作得到圖書館界同仁的支持和肯定，他們的慷慨支持使我們倍受鼓舞。國家圖書館、上海圖書館、清華大學圖書館、北京大學圖書館、日本國立公文書館、早稻田大學圖書館、韓國首爾大學奎章閣圖書館等都對"選刊"工作給予了鼎力支持，尤其是國家圖書館陳紅彥主任、上海圖書館黃顯功主任、清華大學圖書館馮立昇先生和劉薔女士以及北京大學圖書館李雲主任還慨允擔任本叢書學術委員會委員。我們有理由相信有科技史、古典文獻與圖書館學界的通力合作，《中國科技典籍選刊》一定能結出碩果。這項工作以科技史學術研究爲基礎，選擇存世善本進行高清影印和錄文，加以標點、校勘和注釋，排版採用圖像與錄文、校釋文字對照的方式，便於閱讀與研究。另外，在書前撰寫學術性導言，供研究者和讀者參考。受我們學識與客觀條件所限，《中國科技典籍選刊》還有諸多缺憾，甚至存在謬誤，敬請方家不吝賜教。

我們相信，隨着學術研究和文獻出版工作的不斷進步，一定會有更多高水平的科技文獻整理成果問世。

張柏春　孫顯斌

於中關村中國科學院基礎園區

二〇一四年十一月二十八日

遵化縣

北

三官廟

泉

小河

西

泉身寺

鐵廠

城界縣此

庵觀

本書影印聖彼得堡國立大學東方系
圖書館藏康熙間抄本（©St. Petersburg
State University, 2021）。原書高 265 毫米，
寬 168 毫米。

目　録

整理説明

　　《鐵冶志》二卷，明傅浚著。傅浚（約1468—約1517），字汝源，號石崖，福建泉州府南安縣人，弘治十二年（1499）進士，歷官戶部主事、工部員外郎、工部郎中、山東轉運同知。[一] 正德八年（1513）二月，傅浚以工部郎中督理遵化鐵冶（或曰鐵廠），七月纂成該廠的第一部志書《鐵冶志》，後略事增補，紀事至正德九年。

　　遵化鐵廠是明代規模最大、運營時間最長的官辦鐵廠，生產生鐵、熟鐵、鋼鐵，專供北京工部，主要製造軍需品。元代遵化縣治西北沙坡峪已有鐵冶，元末明初中輟。洪武年間全國開設多處官營鐵冶，河北不與焉。永樂元年（1403）出現寬宥流罪徒發往"遵化炒鐵"的記載（《明太宗實錄》卷二〇上）。此時鐵廠仍在沙坡峪，約在永樂末年關閉。宣德元年（1426）鐵廠重開，廠址設於遵化縣治東北松棚峪（今松棚營），宣德十年（1435）罷停，正統元年（1436）重開。正統三年（1438），鐵廠遷至遵化縣治東南白冶莊（今鐵廠村），位於北京正東約二百公里。[二] 白冶莊原有土城，弘治年間改築石牆，正德年間竣工。四面城牆各長一華里，高兩丈，寬一丈，四面各開一門。[三] 目前城牆已無存，鐵廠村內尚可見明代高爐遺址。

　　遵化鐵廠擁有較高的技術水平與產能。生產高峰時期，如正德四年（1509）"開大鑑爐十座，共煉生鐵四十八萬六千斤。白作爐二十座，煉熟鐵二十萬八千斤，鋼鐵一萬二千斤"（萬曆《大明會典》卷一九四）。作爲依靠行政命令運轉的官營工廠，鐵廠存在強制勞役、機構龐雜、開銷巨大等制度性問題。隨着週邊山林伐盡，柴炭燃料成本高

〔一〕傅浚生卒依據、生平事跡，詳見本書附錄二傳記資料。

〔二〕張崗《明代遵化鐵冶廠的研究》，《河北學刊》1990年第5期，第75—80頁。

〔三〕李美山《昔日的古城鐵廠》，中國人民政治協商會議河北省遵化縣委員會編印《遵化史話》第四輯，1987年，第132—138頁。該文引用弘治《重建鐵冶廠城碑記》"遵化鐵冶始創自中唐，歷經宋元至今"一句，未注出處。碑記全文待訪；又記四門石刻匾額題字、鐵廠裁撤後軍民安置等事，資料來源不詳。1990年編印之《遵化縣志》云："鐵廠城址位於鐵廠鎮鐵廠村，城周長2000米，高10米，寬5米，石築。城址牆基尚存。明正統（五）〔三〕年（1438）此地正式建爲鐵廠，有明代煉鐵爐址70多處，高出地面8米，還有鏽鐵、木炭、焦炭、硫鐵等遺物。"參見遵化縣志編纂委員會編《遵化縣志》，石家莊：河北人民出版社，1990年，第561頁。

企；民間私營鐵冶興起，市價轉廉，遵化鐵廠終因虧空過大，於萬曆九年（1581）爲明廷裁革。自永樂元年算起，遵化鐵廠先後在三處廠址經營一百七十年左右，白冶莊時期獨占一百四十三年。[一]

　　永樂年間，遵化鐵廠以薊州遵化衛指揮使領其事。宣德末年改隸工部，由工部主事管理。自弘治十年（1497）起，派遣工部郎中奉敕督理，實際任期多爲一年。《鐵冶志》曾經三任工部郎中纂修。正德八年（1513），傅浚初創《鐵冶志》。嘉靖四十五年（1566）左右，紀誠（嘉靖三十八年［1559］進士）又加增補。萬曆三年（1575），唐文燦（1525—1603，隆慶二年［1568］進士）督理鐵廠，重續本志。兩種續志未聞傳世，僅存唐文燦《重續鐵冶志小序》。[二]傅浚《鐵冶志》遺留海外孤本，成一綫之傳。

　　《鐵冶志》二卷，綫裝一冊，俄羅斯聖彼得堡國立大學東方系圖書館藏康熙間抄本（以下簡稱俄藏本），索書號 Xyl. 1235。[三]全書總約一萬二千字，記載遵化鐵廠建置沿革、冶煉技術、出産規模、原料燃料用量、人員配置、軍民賦役、組織結構、衙署庫場、歷任主司、祭祀儀式、碑記傳説等多方面的内容。特別是對大鑑爐（煉生鐵）、灌爐（煉熟鐵）、白作爐（煉鋼）設備樣式、生産流程的描述，是有關中國古代鋼鐵冶煉技術極爲重要的原始資料。卷首有工部分司圖、鐵廠圖。前者可見鐵廠城内工部分司衙署、廠房佈局，大爐、白作爐分別位於東北、東南兩隅。後者可見鐵廠城與遵化城外水系、山脈、廟宇的相對位置。

　　俄藏本工楷抄寫，有輕微蟲蛀。書高 265 毫米，寬 168 毫米，無行格欄綫，無葉碼。封面簽題“明傅浚鐵冶志”。總計四十二葉：傅浚自序兩葉，半葉七行，每行平寫十五字。目錄一葉，題“鐵冶志／尚書工部郎中南安傅浚汝源著”。又工部分司圖、鐵廠圖各一葉。正文三十七葉，半葉九行，行二十字，小字雙行字數同。上下卷分題“鐵冶志卷之上”“鐵冶志卷之下”，後無署名。書内遇“國”“朝”“太祖高皇帝”等字樣提行，猶存明代格式。

　　《四庫全書總目》政書類存目著録傅浚《鐵冶志》二卷曰：“自建置、山場，迄於雜職，凡二十三目，冠以公署、鐵廠二圖。”[四]按俄藏本卷首二圖，卷上十六篇：《建置》《爐冶》《山場》《歲辦》《歲出》《歲入》《舘鎬》《催工》《吏屬》《供役》《公署》《庫場》《祠宇》《坊市》《督理》《歷官》。卷下七篇：《工部分司題名記》《雙孝康娥碑》

〔一〕相關研究回顧，參見陳虹利《明代遵化鐵冶研究》，北京科技大學博士學位論文，2016 年。
〔二〕唐文燦《享掃集》卷二，10b–11a，尊經閣文庫藏萬曆十五年序刊本（京都大學人文科學研究所藏影印本）。
〔三〕東方系圖書館，全稱爲聖彼得堡國立大學高爾基科學圖書館（Научная библиотека имени М. Горького Научная библиотека Санкт-Петербургского университета）東方系分部。《鐵冶志》即屬於該校科學圖書館（Научная библиотека／Scientific Library）。
〔四〕紀昀等纂《四庫全書總目》卷八十四史部四十政書類存目二，4b–5a，《國學基本典籍叢刊》影印乾隆六十年武英殿刻本，第 24 冊，北京：中華書局，2019 年，76—77 頁。“雜職”當爲“雜識”之誤。

《萃景樓記》《祭爐神文》《祭土地文》《祭禮》[一]《雜識》。總計二十三篇，與《四庫全書總目》記載一致。[二]下卷末篇《雜識》，俄藏本目錄內小字注十條，正文完整。

傅浚自序署正德八年（1513）七月。卷下《歷官》記至正德九年（1514）六月徐麟到任，接替傅浚。卷上《歲辦》《歲入》亦記正德九年鐵廠事務，可知增補截止約在正德九年秋季。

序文首葉鈐有“棟亭曹／氏藏書”朱文長方印、“長白敷／槎氏董／齋昌齡／圖書印”朱文方印、“聽雨樓／查氏有圻珍／賞圖書”白文方印、“姚氏／藏書”白文方印。目錄及卷上首葉仍鈐“姚氏／藏書”。卷下之末鈐有“寒秀／草堂”朱文長方印。由此可知，該書歷經曹寅（1658—1712，號棟亭）、富察昌齡（號董齋，曹寅之甥）、查有圻（1775—1827）、姚衡（1789—1850，寒秀草堂主人）遞藏，流傳有緒。書末夾紅紙名刺一張，正面墨印“丁廷賓”三字；背面朱文小字印寓所地址，漫漶難辨。書內“華夷”寫作“華彝”；“鉉”“玄”字樣避清聖祖玄燁諱闕末筆；“弘”字不避清高宗弘曆諱。根據藏印與避諱情況，俄藏本當爲康熙年間抄成。

《鐵冶志》未曾刊刻，僅以抄本流傳，明清之際藏書家尚不乏記載。

隆慶三年（1569），朱睦㮮《萬卷堂書目》雜志類著錄“鐵冶志　卷　紀絨”。[三]朱氏《聚樂堂藝文目錄》雜志類記作“鐵冶志　紀戒　二册”。[四]此書當即嘉靖末紀戒續修本。

萬曆四十六年（1618），趙琦美上《遼事疏》，謂“遵化鐵冶”“有志書可稽”，[五]則趙氏或藏有《鐵冶志》（傳本《脈望館書目》未載）。

康熙八年（1669），錢曾《述古堂錢氏藏書目錄》卷四掌故類著錄“工部鐵冶志一卷　一本”。[六]

[一] 俄藏本書前目錄內卷下缺“祭禮”，正文篇題、條目俱存。

[二]《供役》篇正文無篇題，條目在《吏屬》篇內。

[三] 朱睦㮮《萬卷堂書目》不分卷，八千卷樓舊藏清抄本（無葉碼）。《鐵冶志》卷數前空白處朱筆添注“二册”，紀氏姓名下一字朱筆改作“誠”。參見南京圖書館編《南京圖書館藏稀見書目書志叢刊》第4册，北京：國家圖書館出版社，2017年，第126頁。又按，光緒二十九年湘潭葉氏觀古堂刻本刊本《萬卷堂書目》卷二雜志類（19b），著錄“鐵冶志 卷 紀誠”。形近誤刻。參見林夕主編《中國著名藏書家書目匯刊·明清卷》第7册，北京：商務印書館，2005年，第482頁。

[四] 朱睦㮮《聚樂堂藝文目錄》不分卷，稿本（無葉碼），南京圖書館編《南京圖書館藏稀見書目書志叢刊》第5册，第124頁。《聚樂堂藝文目錄》與《萬卷堂書目》體例有別，前者記册數，後者記卷數，收書亦多出入。

[五] 張應遴輯《海虞文苑》卷十，50a，中國國家圖書館藏萬曆四十八年刻本。

[六] 錢曾《述古堂錢氏藏書目》卷四，20b，清讀史精舍抄本，南京圖書館編《南京圖書館藏稀見書目書志叢刊》第6册，第118頁。

清初史志書目，如黃虞稷《千頃堂書目》卷九食貨類著錄"傅浚鐵冶志二卷"。[一]《明史·藝文志》史部故事類著錄相同。[二]

曹寅《楝亭书目》卷二經濟類著錄"鐵冶志 抄本 一册 明督理遵化鐵冶傅浚序著一卷"。[三]是册當即俄藏本。

乾隆間《四庫全書總目》（1795）政書類存目收入傅浚撰《鐵冶志》二卷，注明"浙江巡撫採進本"。[四]《浙江省第十一次呈送書目》列有"鐵冶志 明傅浚著 一本"。[五]《浙江採集遺書總錄》（1774）見載"《鐵冶志》一册 振綺堂寫本"，"明工部郎中南安傅浚撰""自建置至雜識共二十三條"。[六]可知進呈四庫館者係杭州汪氏振綺堂舊藏寫本。是後《鐵冶志》未見中國國內公私藏書目記載。

咸豐末年，曹寅、姚衡等人舊藏之《鐵冶志》傳入俄國。最新研究顯示，該書初爲1849—1859年客居北京的赫拉波維茨基所有，1861年轉歸聖彼得堡大學。

赫拉波維茨基（Михаил Даниилович Храповицкий, 1823—1860）生於神職家庭，他的父親從1817年起在諾夫哥羅德省科列斯捷茨地區亞茲維什村（село Язвищи）的教堂任職。自諾夫哥羅德神學院畢業後，1845年赫拉波维茨基考入聖彼得堡神學院，後取得神學碩士學位。[七]1849年9月，赫拉波维茨基作爲第十三屆俄國東正教使團（1850—1858）中的隨班學生到達北京，在華期間潛心學習漢文、滿文，造詣甚高。使團團長卡法羅夫（Петр Иванович Кафаров，教名 Палладий，漢名巴拉第，1817—1878）曾委托他翻譯重要外交文件。咸豐八年（1858）三月至五月，赫拉波維茨基擔任俄方代表普提雅廷（Евфимий Васильевич Путятин, 1803—1883）的滿漢文譯員，參與中俄天津談判。這一時期的中文檔案將其稱作"哈喇披斐擦啓"或"俄羅斯學生晃明"。[八]1859年5月，赫拉波維茨基隨第十三屆使團啓程回國，1860年英年早逝。在學術領域，赫拉波維茨基對中國歷史和法律制度最感興趣，留下不少遺稿，由他的朋友、同爲第十三屆使團隨班學生的斯卡奇科夫（Константин Андрианович Скачков，漢名孔琪庭，1821—1883）繼承。

[一] 黃虞稷《千頃堂書目》，瞿鳳起、潘景鄭整理，上海：上海古籍出版社，2001年，第249頁。《千頃堂書目》係後人據黃虞稷《明史藝文志稿》改編，非黃氏藏書目。

[二] 張廷玉《明史》卷九十七，北京：中華書局，1974年，第2393頁。

[三] 曹寅《楝亭書目》卷二，15a，1933年遼海叢書本，《叢書集成續編》第5册，臺北：新文豐出版公司，1988年，第468頁。

[四] 紀昀等纂《四庫全書總目》卷八十四史部四十政書類存目二，4b。

[五] 吳慰祖校訂《四庫採進書目》，北京：商務印書館，1960年，第135頁。

[六] 沈初等《浙江採集遺書總錄·閏集》，19a，乾隆三十九年浙江刻本，中國書店編《海王村古籍書目題跋叢刊》第2册，北京：中國書店，2008年，第414頁。

[七] А. В. Даньшин. "История права традиционного Китая в рукописном наследии М. Д. Храповицкого." *Вестник Новгородского государственного университета.* №83, Ч.2. 2014. С. 17—20.

[八] 蔡鴻生《俄羅斯館紀事（增訂本）》，北京：中華書局，2006年，第237—238頁。故宮博物院明清檔案部編《清代中俄關係檔案史料選編 第三編》中册，北京：中華書局，1979年，第455頁、第606頁。

目前，這批文獻收藏在俄羅斯國立圖書館（莫斯科）手稿部，隸屬斯卡奇科夫檔案。[一]赫拉波維茨基在北京積纍的滿漢文書籍，小部分售與斯卡奇科夫，大部分在赫氏身後爲聖彼得堡大學所有。[二]

斯卡奇科夫是 19 世紀俄國最重要的漢籍收藏家，擁有中國圖書 1500 餘部，今日完整地保存在俄羅斯國立圖書館東方文獻中心與手稿部，其中有三部姚文田（1758—1827）與姚衡父子舊藏抄本。[三]由此可見，赫拉波維茨基所有的姚衡舊藏《鐵冶志》與斯卡奇科夫所得姚氏父子藏書，恐怕同樣來自道光末年北京的書籍市場，時間當在1850 年姚衡去世後不久。

根據聖彼得堡國立大學圖書館檔案，1861 年，應聖彼得堡大學東方系中文教研室主任瓦西里耶夫（Василий Павлович Васильев，漢名王西里，1818—1900）的緊急要求，大學圖書館從赫拉波維茨基親屬處，購入赫拉波維茨基從中國攜歸俄國的 150 部圖書。按瓦西里耶夫所編目録，第 150 號便是《鐵冶志》。書目末尾有瓦西里耶夫題記："447盧布。東方系秘書：戈斯通斯基（簽名）。目録中的書籍已完好無損地移交圖書館，瓦西里耶夫（簽名）"（圖版參見本書附録一）。[四]聖彼得堡的國立中央歷史檔案館也藏有相關文件。[五]

2010 年，俄羅斯科學院東方文獻研究所所長波波娃（Ирина Фёдоровна Попова）、聖彼得堡國立大學東方系圖書館主任阿扎爾金娜（Милана Александровна Азаркина）、俄羅斯國家圖書館亞非文獻部主任貝奇科（Сергей Владимирович Бычко）在聖彼得堡國立大學東方系圖書館普本庫首先發現《鐵冶志》抄本。2018 年，山東大學張雲博士

[一] 赫拉波維茨基生平與著作，參見 П.Е.斯卡奇科夫《俄羅斯漢學史》，柳若梅譯，北京：社會科學文獻出版社，2011 年，第 219—222 頁，第 510 頁。阿夫拉阿米神父《歷史上北京的俄國東正教使團》，柳若梅譯，鄭州：大象出版社，2016 年，第 83 頁、第 88 頁。俄羅斯國立圖書館（Российская государственная библиотека）手稿部藏赫拉波維茨基手稿，編號 Ф.273.22.1—273.22.6。

[二] П.Е. Скачков. *Очерки истории русского китаеведения.* Москва: Наука, 1977. C. 157. П.Е. 斯卡奇科夫《俄羅斯漢學史》，第 222 頁。中譯本謂斯卡奇科夫去世後，其所購赫拉波維茨基藏書轉到聖彼得堡大學。此説係誤譯。

[三] 《靖炎兩朝見聞録》《南渡録大略》《增訂雅俗稽言》，三種抄本均有姚文田藏書印，第二種有姚衡題跋。參見 А.И. 麥爾納爾克斯尼斯《康·安·斯卡奇科夫所藏漢籍寫本和地圖題録》，張芳譯，王菡注釋，李福清審訂，北京：國家圖書館出版社，2010 年，第 71—72 頁，第 157—158 頁。

[四] "447 руб. Секретарь факультета К.Голстунский. Книги по сему каталогу сданы в библиотеку в целости: В. Васильев"，參見聖彼得堡大學圖書館東方系檔案資料：《赫拉波維茨基先生遺存漢文滿文藏書目録 瓦西里耶夫推薦聖彼得堡大學圖書館購入》（Научная библиотека СПбГУ им. М. Горького, Восточный отдел, архивный документ《Каталог китайских и маньчжурских книг Г-на Храповицкого, предлагаемых для приобретения в библиотеку С.-Петербургского университета》составлен В.П. Васильевым, 1861 г.）

[五] 國立中央歷史檔案館，編號 Ф.14.3.15482，《關於爲大學圖書館收購赫拉波維茨基等人的漢文和滿文藏書》，1861 年。（ЦГИА СПб. Фонд 14. Опись 3. Дело 15482.《О приобретении для библиотеки университета коллекций китайских и маньчжурских книг, принадлежащих Храповицкому и другим》）.

與聖大東方系馬義德（Дмитрий Иванович Маяцкий）博士合作調查特藏書庫藏品，確認館藏《鐵冶志》爲孤本。[一] 2019 年，俄藏本《鐵冶志》見於公開報道。[二] 2021 年，首篇研究論文發表。[三]

《鐵冶志》具有較高的學術價值。20 世紀以降，《鐵冶志》受到冶金史學者特別關注。原書長期存亡不明，一般認爲已經失傳。前人研究遵化鐵廠冶煉工藝，主要依據朱國禎（1557—1632）《湧幢小品》卷四《鐵爐》條與孫承澤（1592—1676）《春明夢餘錄》卷四十六《鐵廠》條，兩書均未注明出處。今日可以確認，這兩則筆記皆源於《鐵冶志》篇章，且多删節。至於探討遵化鐵廠百餘年間的經營情況，此前主要依靠《明實錄》、萬曆《大明會典·遵化鐵冶事例》、嘉靖《薊州志》、韓大章《遵化廠夫料奏》等文獻。《鐵冶志》重現於世，提供了更爲詳實的核心史料。

2019 年 12 月，中國科學院自然科學史研究所與聖彼得堡國立大學與簽署協議，後者授權使用《鐵冶志》高清圖像，由雙方學者合作，在中國境內影印并點校出版。本次整理採用影印與錄文逐頁對照的形式。書前冠以整理説明、新編目録。錄文加新式標點，分行保留底本格式，未重新分段。新增小標題加魚尾括號。書後增加附録四種：一、《重續鐵冶志小序》，《四庫全書》相關著録，以及瓦西里耶夫編赫拉波維茨基藏書目書影兩幅；二、傅浚傳記資料；三、遵化鐵廠資料；四、研究論文《從〈鐵冶志〉看明代遵化鐵廠及其鋼鐵技術》，特邀黃興先生撰稿，結合遵化鐵廠遺跡，深入探索冶金史問題，可視爲本書技術史料的導讀。

感謝聖彼得堡國立大學、中國科學院自然科學史研究所鼎力支持，顏敏翔先生、孫顯斌先生惠助玉成。這部珍貴的古籍得以影印存真、點校出版，既爲傳承文化遺産，供學術研究之需，也是對二百年來中俄兩國一段書緣的紀念。

鄭誠（中國科學院自然科學史研究所）

馬義德（Д.И.Маяцкий，聖彼得堡國立大學東方系）

二〇二一年十一月十二日

〔一〕張雲《習近平主席在俄羅斯獲贈漢籍的發現者之一 張雲》（2019 年 6 月 9 日）view.sdu.edu.cn/info/1012/119307.htm（2021 年 11 月 12 日檢視有效）

〔二〕何功成《山大全球漢籍合璧工程爲助推中俄文化交流作出積極貢獻》（2019 年 6 月 9 日）：view.sdu.edu.cn/info/1003/119277.htm（2021 年 11 月 12 日檢視有效）；馬義德《我爲習近平主席介紹漢籍》（2019 年 6 月 10 日）：view.sdu.edu.cn/info/1021/119350.htm（2021 年 11 月 12 日檢視有效）

〔三〕顏敏翔《聖彼得堡國立大學藏〈鐵冶志〉抄本述略》，《自然科學史研究》2021 年第 2 期，第 184—193 頁。

新編目録

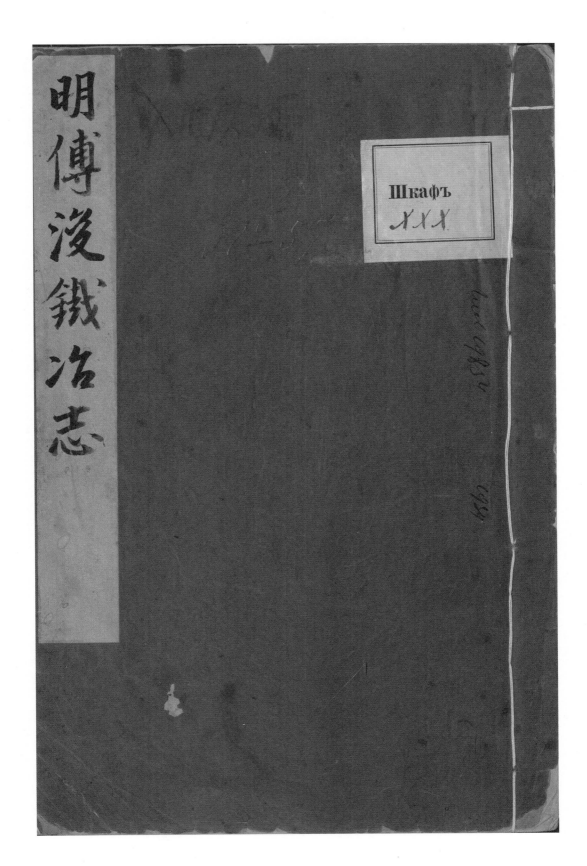

明傅浚鐵冶志

鐵冶志

正德癸酉春二月，浚承乏工曹，分理遵
化鐵冶。既至，詢左右以舊事，初無甚知
者，索其故牘，則多遺缺矣。於時役事方
殷，固亦不暇詳也。居久之而訖工，乃發
故籚之僅存者而閱之。稽其積歲之需，
以會其出納之數。進父老與更事者而

1 序文首葉收藏印記："棟亭
曹／氏藏書"朱文長方印、
"長白敷／槎氏堇／齋昌齡／圖
書印"朱文方印、"聽雨樓／
查氏有圻珍／賞圖書"白文方
印、"姚氏／藏書"白文方印。

1 "然"字旁加點，本字似爲
衍文。

問焉，以罄其餘。蓋雖未能具悉而亦已
得其大觀矣。或曰：治鐵，鄙事耳，非時急
務也。子奚役役於是哉？浚曰：然，然[1]除戎
器以戒不虞，工虞氏之職司也。我
國家長治久安，其道固不在是。然宅中圖
大，內以威乎不軌，外以讋乎天下，則是
具詎可以無備哉！吾聞之，天下無分外

之事，而有司所事則衆責攸萃也。故司
其事而忽之者謂之怠，鄙其事而厭之
者謂之妄。妄與怠，君子不由也。故作《鐵
冶志》，前繫以圖，共二卷。
　正德癸酉秋七月丁卯，
賜進士出身、尚書工部郎中奉
敕督理遵化鐵廠、南安傅浚汝源書

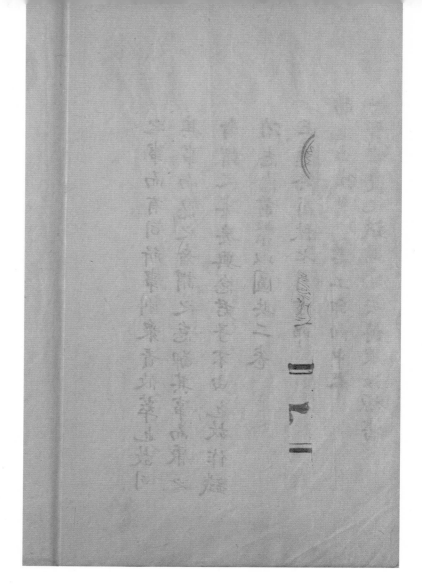

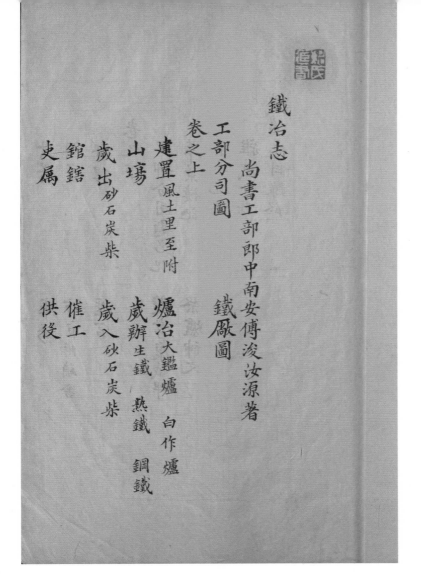

鐵冶志 [1]

尚書工部郎中南安傅浚汝源著

工部分司圖　鐵廠圖

卷之上

1 目錄首葉收藏印記："姚氏／
藏書"白文方印。

2 卷之上列"供役"，然正文
內無《供役》篇題，其條目在
《吏屬》篇內。

1 祭禮，原脱。據正文補。

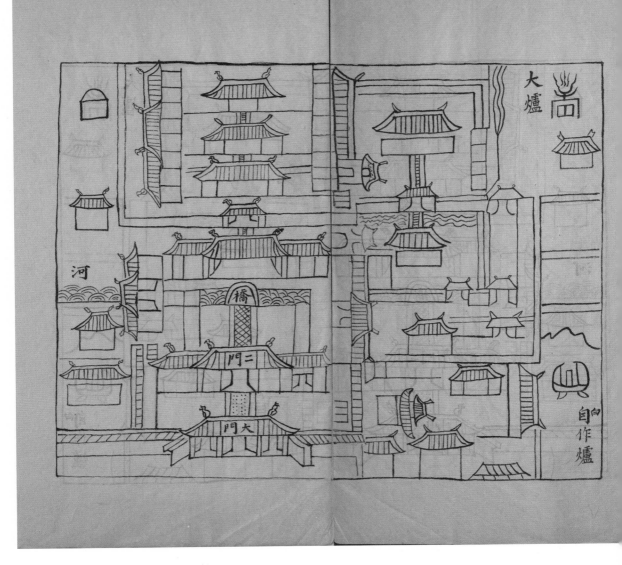

大爐

河

橋

二門

大門

白作爐

【 工部分司圖 】

大爐　白作爐　大門　二門　橋　河

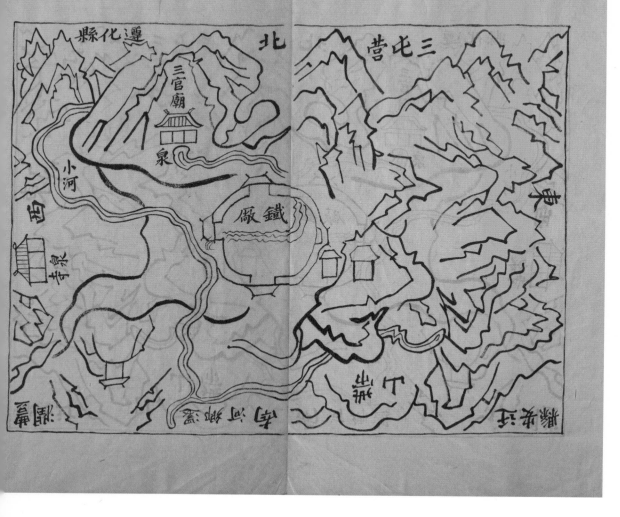

【鐵廠圖】

鐵廠　泉　三官廟　遵化縣　三屯營　小河　泉寺

豐潤　還鄉河　帶山　遷安縣　北　西　南　東

鐵冶志卷之上

建置

遵化鐵冶廠在遵化縣治東地名白冶山古冀
州之域也周屬無終國即今玉田縣後入於燕即今
京師
秦屬漁陽郡即今漢屬右北平李廣守右北平
薊州治所在無終縣
唐屬平州即今永舊治在今遵化縣治所天寶
平府
初始置其後居人稍聚因建爲縣隸薊州宋時
入於遼金冶治莫詳元時置冶沙坡谷
國初因之宣德間移於松棚谷正統三年移置於此

鐵冶志卷之上 [1]

建置

遵化鐵冶廠在遵化縣治東，地名白冶山，古冀
州之域也。周屬無終國，^{即今玉田縣。}後入於燕，^{即今京師。}
秦屬漁陽郡，^{即今薊州。}漢屬右北平。^{李廣守右北平，治所在無終縣。}
唐屬平州，^{即今永平府。}舊治在今遵化縣治所，天寶
初始置。其後居人稍聚，因建爲縣，隸薊州。宋時
入於遼金，冶治莫詳。元時置冶沙坡谷，
國初因之。宣德間移於松棚谷。正統三年移置於此。

前工部主事東平張孚治之也。

【風土】[1]

白冶山，一名白冶莊，東距遵化縣六十里。薊人謂之東爐。鐵廠四面皆山，前有小河會通還鄉河東注於海。西北數十里外群山連亘不絕，古之所謂松亭關也。居民質勁耐於勞苦而不甚知書，近歲以來始有向習之者。其地多寒，五月猶睡坑臥褥，然至其時亦熱，但習俗然耳。松亭關外，悉爲戎彝。是則周之東胡，漢之烏桓，晉之鮮卑，唐之契丹，今之韃靼。

1 風土，小題據本書目録補。

其人習於鞍馬，恒以氈帳、酥酪、榛菓之類自隨，遇暮則止，歲無寧居。貧則夜宿皮囊，晝射野雀，就牝獸而乳之，亦可以卒歲矣。雖有部落相爲統轄，然其習尚自成彝俗，與吾中華之人實相遼絕。蓋山川既隔，風氣自殊，固有不可得而強者。此誠華彝之別也。我[1]故曰關山連雲。此天所以限界華彝也。關山，遵化邊山，名松亭關，即今喜峰口。燕有三關，曰居庸，曰古北口，曰松亭。○晉時未詳所屬，或謂屬於遼西。遼西即今平灤也。

里至

北京三百六十里

南京二千二百六十里

東至灤州一百四十里　　遷安縣一百二十里

樂亭縣一百八十里　　昌黎縣一百八十里

西至遵化縣六十里　　薊州一百八十里

南至豐潤縣六十里　　玉田縣九十里

北至三屯營六十里　　喜峰口一百二十里

關山九十里　　東南至海岸二百里

爐冶

大鑑爐 附小爐

一、大鑑爐在廠冶東北，專煉生鐵。每爐深一丈
二尺，廣前二尺五寸，後二尺七寸，左右各一
尺六寸。前闢數丈，以爲出鐵之所。四傍、窩底
俱石以砌之，以簡子石[1]爲門，牛頭石爲心。黑
砂爲本，石子爲佐，時時旋下，用炭火以煅煉
之。頂後爲鞴室一區，高、廣各八九尺。室置鞴
二扇，扇役夫二人，鼓其風，注於火。晝夜不暫

1　簡子石，《湧幢小品》作
"簡千石"。《春明夢餘錄》作
"簡干石"。參見本書附錄一。

停，雖風雨不避也。每日下砂，俱以石心爲候。
石心通則多與之砂，石心燥則用石子化水
以潤之，而少與之砂，約一二刻許則化爲鐵
矣。每歲啓爐俱在冬春二季。然冬爐地氣閉
而火氣專，計所得者差多。在春爐則土膏動
而火氣敷，計所得者差少。至於夏秋則非其
時矣。噫，不專一則不能直遂，不翕聚則不能
發施，在物則亦有然者。

一、每爐每日出鐵四次，五日而彙收之。初數日

所得甚微，日可一二百斤而已。十日之後，日可三四百斤。二十日後漸盛，日可六七百斤。四十日後，日計可得千斤。五十日後，日有千斤而贏三四百者，然亦止此極焉。七十日後，日又漸以衰少，至九十日後則爐敗而不可用矣。然而其間亦有三四十日而敗者，有六七十日而敗者，有初盛而終替者，有初替而終盛者。消息盈虛，其數自不齊也。凡鐵從中出皆方正成段，故謂之板鐵。間有從旁溢出

者，則以繩係鎚，鎚去其渣滓，是謂之碎鐵。碎
鐵所得，亦與板鐵相爲盛衰，但不能多得耳。
由是合先後而總計之，每日約可鐵八百斤，
一月可鐵二萬四千斤，一季可鐵七萬二千
斤。此則較量折衷之中數，其間或有稍過與
不及者，則爐火有盛衰，起爐有遲速，加以人
力勤惰不齊耳。然爐復出於數，則固無如之
何者。若惰而不爲，其責則在我矣。

　　按宣德以來，熟鐵舊有常數，生鐵歲無定

額正德四年郎中王軹呈部歲用大鐵爐十每爐煉鐵四萬八千六百斤共煉生鐵四十八萬六千斤正德六年郎中葉信呈部歲用大鑑爐五每爐煉鐵九萬七千二百斤亦煉生鐵四十八萬六千斤竊以生鐵化砂石而為之陶鎔變化火候至難固有少而習之至老不能精者而爐之成敗修短出於呼吸亦不能以盡料非如熟鐵可以數計而坐策之前人不能預定固有

額。正德四年，郎中王軹呈部，歲用大鐵爐十，每爐煉鐵四萬八千六百斤，共煉生鐵四十八萬六千斤。正德六年，郎中葉信呈部，歲用大鑑爐五，每爐煉鐵九萬七千二百斤，亦煉生鐵四十八萬六千斤。竊以生鐵化砂石而爲之，陶鎔變化，火候至難，固有少而習之，至老不能精者。而爐之成敗修短，出於呼吸，亦不能以盡料，非如熟鐵可以數計而坐策之。前人不能預定，固有

以也。歷年姑未暇論，試觀正德六年，十爐
未有一爐得鐵九萬者。今乃概欲五爐皆
鐵九萬七千二百斤，亦難矣哉。然不預爲
之則，則其勤惰又無可考者。如前所謂七
萬二千斤，蓋其中制矣，然亦尤須策勵而
後可以庶幾也。按歷歲各爐或三四萬，或
五六萬，或七八萬。其間蓋
或有九十萬者，但亦絕
少。故不可以一概律之也。

一、鐵砂出於砂坡峪及松棚峪等處。其色黑
如炭，其質與常砂亦不異也。用水濕而火

煉之則砂化為鐵不濕則不化焉砂之可
以為鐵者天也而加之煆煉陶鎔以成其鐵
者人也天生之人成之於此可見天人所為
各自有分而人之參天地而贊化育者亦豈
可少哉亦豈可少哉

一石子出於水門口及小水峪等處色間紅白
累似桃花大者如斛小者如拳搗而碎之以
投於火則化而為水石心燥用此以救之則
其砂始消不然則心病而不消也如人心火

煉之，則砂化爲鐵，不濕則不化焉。然砂之可
以爲鐵者，天也。而加之煆煉陶鎔，以成其鐵
者，人也。天生之，人成之。於此可見天人所爲
各自有分，而人之參天地而贊化育者，亦豈
可少哉，亦豈可少哉。

一、石子出於水門口及小水峪等處。色間紅白，
　　略似桃花。大者如斛，小者如拳。搗而碎之，以
　　投於火，則化而爲水。石心燥，用此以救之，則
　　其砂始消。不然則心病而不消也。如人心火

太盛，用涼劑以救之，則脾胃和而飲食進矣。如以熱藥投之，其不至於增狂而速死者幾希。故知心病而藥之，天下之良醫也。

一、每爐用底子石一、搪石一、窩子石二、關石一、夾石四、前廂石二、納後石二、小面石十、肩窩石二、外關石一、攔火石二、門石一。凡爐，每歲皆再築，築用新石，悉令石匠取之於山。舊石皆不可用也。餘石一成，皆不可復動。惟門石常壞，壞則必易，易則其鐵亦少耗，尤宜蓄石以俟之。

一、小爐一，在大鑑爐東。高五尺，長六尺，濶四尺，口五寸。凡大鑑爐所用撞鈎鎚鉏之屬，皆於此爐脩整。傍有小屋一區，以爲藏器之所。

白作爐 附灌爐

一、白作爐，在柴廠南。每爐高五尺，長七尺，前濶二尺五寸，後濶二尺五寸。其傍可通風鞲。此則專煉鋼鐵與條鐵者。

一、灌爐，在柴廠南，與白作爐相連。每爐高七尺，長六尺五寸。下截爲爐腔以入鐵，前一尺二

寸後一尺八寸上截為井口以入柴高一尺
二寸長一尺四寸左右各八寸其傍有小孔
以通風韝此則專煉熟鐵者
一煉熟鐵先熱灌爐乃置生鐵於爐腔實柴於
井口悉泥而封之用韝以煽皷其風使注於
下柴盡更增復封而皷之凡五六番而鐵熟
乃用刀截鉗制而鎚鎚之鎚成取白作爐所
鍊鐵橫貫而繫之四塊為掛掛合二十斤類
而稱之以貯於庫

寸，後一尺八寸。上截爲井口以入柴，高一尺
二寸，長一尺四寸，左右各八寸，其傍有小孔，
以通風韝。此則專煉熟鐵者。

一、煉熟鐵，先熱灌爐。乃置生鐵於爐腔，實柴於
井口，悉泥而封之。用韝以煽，皷其風使注於
下。柴盡更增，復封而皷之，凡五六番而鐵熟。
乃用刀截鉗制而鎚鎚之。鎚成，取白作爐所
鍊鐵條橫貫而繫之。四塊爲掛，掛合二十斤。類
而稱之，以貯於庫。

一、煉鋼鐵，先成熟鐵，置白作爐，取生鐵加於熟鐵之上，皷火以煉。俟其合下一出之，用鉗鉗制磨搭，以堅其合。如是者九，乃斧爲數段，火燒而水漂之，而後鋼鐵成。

一、作熟鐵，每爐五日領生鐵一千三百八十斤、碎鐵二百二十斤、柴四千六百八十斤，煉出熟鐵一千三百斤。計六十六掛，每掛凡四塊。

一、折鋼鐵，每爐五日領生板鐵六百斤、柴四千三百二十斤，共煉鋼鐵二百五十三斤七兩五錢。

山場

　東至建昌一百五十里

　西至薊州一百八十里

　南至灤州一百五十里

　北至邊墙一百里

　　右山場四至，原係採辦柴炭之所，近時以

　　來，山木漸竭，四隅有開墾者，酌令納炭以

　　供大爐，謂之地畝炭。其山仍行禁約，如有

　　盜開者，照例發遣。

歲辦
正德五年工部郎中王軌呈部具
題歲辦生熟鋼鐵七十萬六千斤
一生鐵四十八萬六千斤　用大鑑爐十座
一熟鐵二十萬八千斤
一鋼鐵一萬二千斤　共用白作爐二十座
正德六年工部郎中葉信呈部復
題歲辦生熟鋼鐵七十萬六千斤
一生鐵四十八萬六千斤　用大鑑爐五座

歲辦

正德五年工部郎中王軌呈部具

題歲辦生、熟、鋼鐵七十萬六千斤：

一、生鐵四十八萬六千斤。用大鑑爐十座。

一、熟鐵二十萬八千斤。

一、鋼鐵一萬二千斤。共用白作爐二十座。

正德六年工部郎中葉信呈部復

題歲辦生、熟、鋼鐵七十萬六千斤：

一、生鐵四十八萬六千斤。用大鑑爐五座。

一、熟鐵二十萬八千斤。

一、鋼鐵一萬二千斤。共用白作爐八座。

正德九年本部

題歲辦熟、鋼鐵料七萬三千三百三十斤：

一、熟鐵六萬九千三百三十斤。

一、鋼鐵四千斤。

歲出

一、大鑑爐初開數日，每日用砂不過一石餘。五

日後，日用二石。十日後，日用三石。二十日後，

日用四石，或爐旺則與之五石。四十日後，用
五石餘，亦有當增六石者。五十日後，日用七
石。七十日後，則又漸減少矣。蓋爐已老，雖多
與之，亦不能消也。由是衰多益寡，合先後而
約之，每日用砂五石五斗，每月該砂一百六
十五石，每季該四百九十五石。然此亦其大
略耳。爐之食砂，猶人之飲食，或增或減，時有
適然，不能盡料也。

一、石子，每爐五日用石一車，一月該用六車，一

季該一十八車五爐二季該石子八十車
一每爐每日用炭五千二百五十斤此郎中李統轄廠時陰較日晷而試之者屢試皆符較之前人所支實爲省約以此計之一月該炭一十五萬七千五百斤一季該炭四十七萬二千五百斤百日該炭五十二萬五千斤五爐該炭二百二十六萬五千斤
一熟鐵每爐五日支柴四千六百八十斤每月支柴二萬八千八十斤五月該柴一十四萬

季該一十八車。五爐二[1]季該石子八十車。

一、每爐每日用炭五千二百五十斤，此郎中李統[2]轄廠時陰較日晷而試之者，屢試皆符，較之前人所支，實爲省約。以此計之，一月該炭一十五萬七千五百斤，一季該炭四十七萬二千五百斤，百日該炭五十二萬五千斤，五爐該炭二百二十六萬五千斤。

一、熟鐵，每爐五日支柴四千六百八十斤，每月支柴二萬八千八十斤，五月該柴一十四萬

1 二，當作"一"。
2 李統，按本書《歷官》篇工部分司名單內無李統，似當作李銳（正德五年十二月到任），字形相近致誤。

四百斤，八爐該柴一百一十二萬三千三百
斤。鋼鐵，每爐五日支柴四千三百二十斤，一
月該二萬五千九百二十斤，八爐該柴二十
萬七千三百六十斤。二項計用柴一百三十
三萬六百六十斤。

歲入

一、民夫

蓟州民夫二十七名

遵化縣民夫二十二名八分

豐潤縣民夫二十一名

灤州民夫一百五十九名六分

遷安縣民夫五十名二分

昌黎縣民夫六十五名一分

樂亭縣民夫六十四名三分

以上人夫四百一十名弘治以來州縣僉派

大戶每名給官價銀一十二兩各委官吏押解

赴廠督令買辦木柴三千六百斤炭四千五百斤

石子一車共柴一百四十七萬六千斤炭一百

豐潤縣民夫二十一名

灤州民夫一百五十九名六分

遷安縣民夫五十名二分

昌黎縣民夫六十五名一分

樂亭縣民夫六十四名三分

以上人夫四百一十名。弘治以來州縣僉派

大戶，每名給官價銀一十二兩，各委官吏押解

赴廠，督令買辦木柴三千六百斤、炭四千五百斤、

石子一車，共柴一百四十七萬六千斤、炭一百

八十四萬五千斤、石子四百一十車，該銀四
千九百二十兩。正德初，爲因附近山塲光潔，
柴炭採辦愈遠，每夫給與官價銀一十七兩，
共銀六千九百七十兩，仍令照依舊數赴廠
買辦。正德六年，巡撫都御史李公貢奏
請減夫價以蘇民困，事下工部。尚書李公璲以爲然，
請行管廠郎中葉信會同巡撫都御史，將夫價、柴炭、
石子悉行減半。每夫實領官價銀八兩，辦柴
一千八百斤、炭二千二百五十斤、石子半車，

共柴七十三萬八千斤炭九十二萬二千五
百斤石子二百五車該銀三千二百八十兩
正德九年本部尚書李公又因建白復
請以三分為率減去二分存留一分仍行管廠郎中
傅浚會同巡撫都御史王公倬議處將民夫
減去二百七十四名存留一百三十六名仍
將價銀柴炭酌為減免每夫實領銀六兩辦
柴一千斤炭一千二百斤石子半車共納柴
一十三萬六千斤炭一十六萬三千七百斤

共柴七十三萬八千斤、炭九十二萬二千五

百斤、石子二百五車，該銀三千二百八十兩。

正德九年，本部尚書李公又因建白，復

請以三分爲率，減去二分，存留一分，仍行管廠郎中

傅浚會同巡撫都御史王公倬議處，將民夫

減去二百七十四名，存留一百三十六名，仍

將價銀、柴炭酌爲減免。每夫實領銀六兩，辦

柴一千斤、炭一千二百斤、石子半車，共納柴

一十三萬六千斤、炭一十六萬三千七百斤、

石子六車十八車該銀八百一十六兩
一軍夫遵化衛六十三名　忠義中衛九十七名
東勝右衛一百三十三名　興州前屯衛六十名
興州左屯衛二十六名　興州右屯衛四十六名
以上軍夫四百二十五名每名每歲辦炭九
百斤砂三石八斗共該炭三十八萬四千三
百斤正德元年
奏過每年除十名催工并造粮册今實辦工軍夫四
百一十五名共該炭三十七萬五千三百斤

石子六[1]十八車，該銀八百一十六兩。

一、軍夫。遵化衛六十三名　忠義中衛九十七名
東勝右衛一百三十三名　興州前屯衛六十名
興州左屯衛二十六名　興州右屯衛四十六名
以上軍夫四百二十五名，每名每歲辦炭九
百斤、砂三石八斗，共該炭三十八萬四千三
百斤。正德元年
奏過每年除十名催工并造糧册，今實辦工，軍夫四
百一十五名，共該炭三十七萬五千三百斤、

[1] "六"字下"車"字中有墨點，應是衍文，徑改。

鐵砂一千五百八十四石六斗正德九年
題減二分存留一分該軍一百六十五石
一大鑑爐軍匠五十四名民匠十一名每爐爐
頭一名匠人七名共八名又推一人作頭十
人治石其餘軍匠納砂二石七斗炭八百斤
民匠納炭三百斤柴一千斤
一白作爐民匠一百八十五名軍匠一十三名
每爐爐頭一名匠人七名共八人又推二人
為作頭二人專值小爐脩理器具其餘軍匠

鐵砂一千五百八十四石六斗。正德九年
題減二分，存留一分，該軍一百六十五石。
　一、大鑑爐，軍匠五十四名、民匠十一名。每爐爐
　　頭一名、匠人七名，共八名。又推一人作頭，十
　　人治石，其餘軍匠納砂二石七斗、炭八百斤，
　　民匠納炭三百斤、柴一千斤。
　一、白作爐，民匠一百八十五名、軍匠一十三名。
　　每爐爐頭一名、匠人七名，共八人。又推二人
　　爲作頭，二人專值小爐，修理器具。其餘軍匠

每名納砂二石七斗、炭八百斤，民匠每名納
柴一千斤、炭三百斤。

一、輪班勘合匠六百三十名，除逃絕外，實在五
百六十七名，分爲四班，每年一班。每班冬春
每名納炭七百二十斤，夏秋納砂三石六斗。
今正德九年冬春納炭六百斤，夏秋納柴一
千二百斤。

初班，申、子、辰年，一百七十九名。納炭九十六
名，納砂八十三名。今納炭六百斤，納柴一千

二百斤。

二班，巳、酉、丑年，一百五十一名。納炭八十一名，納砂七十名。今納炭六百斤，納柴一千二百斤。

三班，寅、午、戌年，一百九十名。納炭九十五名，納砂七十五名。今納炭六百斤，納柴一千二百斤。

四班，亥、卯、未年，一百三十名。納炭六十名，納砂七十名。納炭六百斤，納柴一千二百斤。

一地畝遵化縣八百一十六畝四分
豐潤縣一千二百五十五畝
玉田縣二百七十三畝
灤州三百一十四畝五分
遷安縣一千八百七十六畝四分六厘
以上共地四千五百六十一畝九分六厘每
畝納炭三十斤正德九年
題准每畝納炭二十斤共炭九萬一千二百二十斤
但每歲所徵僅餘其三之一而已

一、地畝[1]。遵化縣八百一十六畝四分

豐潤縣一千二百五十五畝

玉田縣二百七十三畝

灤州三百一十四畝五分

遷安縣一千八百七十六畝四分六厘

以上共地四千五百六十一畝九分六厘[2]，每畝納炭三十斤。正德九年

題准每畝納炭二十斤，共炭九萬一千二百二十斤，但每歲所徵僅餘其三之一而已。

1 按《地畝》篇所記四千五百餘畝，僅爲山場周邊已開墾區域，非山場全境，即前文《山場》篇所謂"四隅有開墾者，酌令納炭以供大爐，謂之地畝炭"。

2 此處總畝數與實際計算遵化縣、豐潤縣、玉田縣、灤州、遷安縣總畝數四千五百三十五畝三分六厘有別。存疑。按本文總畝數，每畝納炭二十斤計，共炭九萬一千二百三十九斤二分，與下文總炭量相差約二十斤。

館轄

順天府　通州　三河縣　香河縣

昌平縣　密雲縣　寶坻縣　順義縣 俱出班匠

薊州　遵化縣　豐潤縣 出民夫及班匠[1]、半年匠

玉田縣 出班匠[2]、半年匠

永平府　盧龍縣　撫寧縣 出班匠、半年匠

灤州　遷安縣　樂亭縣　昌黎縣 出民夫、班匠及半年匠

遵化縣　東勝右衛　興州前屯衛 出軍夫、軍匠

忠義中衛　興州左屯衛　興州右屯衛 出軍夫

1 原書"匠班"二字側各有符號標注，并據文意徑改爲"班匠"。

2 匠班，當爲班匠，徑改。

040

隆慶左衛　隆慶右衛　會州衛　涿鹿中衛
大寧前衛　開平中屯衛　永平衛　興州後屯衛
盧龍衛　興和守禦千戶所　俱出軍匠

催工

薊州委官一名　　玉田縣巡山陰陽生一名
遵化縣委官一名　巡山醫生一名
豐潤縣委官一名　巡山陰陽生一名
灤州委官一名吏一名巡山陰陽生一名
遷安縣委官一名　巡山醫生一名

隆慶左衛	隆慶右衛	會州衛	涿鹿中衛
大寧前衛	開平中屯衛	永平衛	興州後屯衛
盧龍衛	興和守禦千戶所 俱出軍匠		

催工

薊州委官一名	玉田縣巡山陰陽生一名
遵化縣委官一名	巡山醫生一名
豐潤縣委官一名	巡山陰陽生一名
灤州委官一名、吏一名、	巡山陰陽生一名
遷安縣委官一名	巡山醫生一名

樂亭縣委官一名　昌黎縣委官一名

遵化衛　忠義中衛

興州前屯衛　興州左屯衛

興州右屯衛 各催工一人　東勝右衛 催工二人

吏屬[1]

工部虞衡司當該一名。舊以廠軍能書者六

七人分掌其事。正德元年，郎中韓大章

請以當該一人司其事，而以廠人能書者三人佐之。

蓋文移繁冗，一人亦不能獨辦也。

1 原目分爲《吏屬》《供役》兩篇。正文僅題"吏屬"，後無《供役》篇題。按本篇開列之雜造局大使、攢典，虞衡司當該應爲屬吏，廠人能書者、作頭、廠軍等則係役夫。合論吏役，《供役》篇條目實存。

雜造局大使一名 專管囚犯上工。

雜造局攢典一名 專辦局中文書。

陰陽生三人 值日司更并送月報。

醫生三人 醫治病囚并送月報。

老人一名 相視囚犯。

大鑑爐作頭一名

白作爐作頭二名

廠軍四十人 看守鐵料，修理庫藏、墙垣。

總甲五人

工部廠治在遵化縣白冶庄東北正統戊午工
部主事張孚建成化間主事馬鉉重新之其
中爲廳事廳事之左爲司房貯文移爲書辦
所其右爲廳西庫貯雜器其後爲工部使宅
其前兩廡爲庫舍庫之右爲土地廟爲吏舍
庫之南爲二門爲大門大門之左爲樵樓樵
樓之左爲雜造局局後爲囹圄囹圄之北爲
爐冶所爲柴炭鐵砂場

---

1 馬鉉，按嘉靖《薊州志》卷二，成化間重修工部分司公署者爲馬祥。參見本書附錄三。

公署

工部廠治在遵化縣白冶莊東北，正統戊午工
  部主事張孚建，成化間主事馬鉉[1]重新之。其
  中爲廳事。廳事之左爲司房，貯文移，爲書辦
  所。其右爲廳西庫，貯雜器。其後爲工部使宅。
  其前兩廡爲庫舍。庫之右爲土地廟，爲吏舍。
  庫之南爲二門，爲大門。大門之左爲樵樓，樵
  樓之左爲雜造局。局後爲囹圄，囹圄之北爲
  爐冶所，爲柴炭、鐵砂場。

工部使宅在廳事之北前為過廳廳之後為寢
室為居室兩傍各翼以小厦是皆永新馬鉉構
之其傍為四顧樓即俗所謂看家樓者同州馬
祥構之左宅一區為翫學齋興武周郁構之齋
前為滌煩亭太原郭經構之亭右為石山為萃
景樓無錫李理構之左宅蓋讀書延客之所交
代者至則於此而暫寓也厥人總曰舊宅曰新
廳南安傅浚各書以扁之
宅後為蔬圃圃後為小河河自聖水瀦抵於此

工部使宅在廳事之北。前爲過廳。廳之後爲寢
室，爲居室。兩傍各翼以小厦，是皆永新馬鉉構
之。其傍爲四顧樓，即俗所謂看家樓者，同州馬
祥構之。左宅一區爲翫學齋，興武周郁構之。齋
前爲滌煩亭，太原郭經構之。亭右爲石山，爲萃
景樓，無錫李理構之。左宅蓋讀書、延客之所，交
代者至，則於此而暫寓也。厥人總曰舊宅，曰新
廳，南安傅浚各書以扁之。
宅後爲蔬圃，圃後爲小河。河自聖水瀦抵於此，

遂過於大鑑爐，爐人資之以淘砂。又自大爐南注折過於玩學齋，經萃景樓，西折橫過於廳事。廳事之前爲小橋，以通往來者。遂直抵於西小河，會通於直沽河。始

請濬河以通鐵冶者，永新馬鉉也。蓋鐵冶修造馬公之功最多焉。

虞衡吏舍 在二門右，凡五間，郎中周郁建。

雜造局官舍 在大門左，凡六間，郎中李鋭建。

雜造局吏舍 在大門左，凡二間，郎中葉信建。

庫場

熟鐵庫 在東西廡，共十八間，滑浩建者八，馬祥建者五，王軏建者五。

鋼鐵庫 一間，在西廡，滑浩建。

钂鐵庫 一間，在東廡，馬祥建。

碎鐵庫 在板鐵廠一間

鐵器庫 五間三所，在東西廡者二，滑浩建。在廳西者一，在板廠者二，馬鉉建。

囤米庫 一間，在東廡下，滑浩建。

板鐵場 在醒心亭南，馬鉉建，即舊廳事地也。

柴場 在白作爐北，李銳建。

炭場 在柴場北，張孚建。

砂場 在柴場北，李銳建。

新廠 廳事三間，在白作爐右，專收柴炭，李銳建。

大鑑爐房 在大鑑爐所，李珵建。

白作爐房 在白作爐所，李珵建。

大爐值宿房 三間，在東廡東，高魁建。

樵樓 一間，在大門左，張孚建，劉濂修。

監房 在雜造局北，二十六間，郎中周郁建。

快手值房 在大門外，郎中高魁建。

祠宇

土地廟 在二門內，王鉉建。

爐神廟 在大鑑爐東，馬祥重修。

城隍廟 在東街門外。

火神廟 在土神廟左。

廠北又有真武廟、關公廟、
三官廟，以非祀典，故不載。

坊市

司空行部 在北街，郎中李銳建。

三軍之需 在廠門之右，李銳建。

百鍊之剛 在厰門右，李銳建。

東街 在厰門外，郎中李珵移厰門向南，遂
拆民居，爲南北向，而名其街曰東街。

西街 在厰之西。

南街 在厰之南。

北街 在厰之北。

鋪舍

宅後兩鋪

夾道五鋪

街市五鋪

督理

工部虞衡司郎中一員

永樂間俱以薊州遵化指揮領其事。宣德末
始委工部主事以董之。正統以來皆然。弘治
丁巳又用工部郎中奉

勑以理焉。蓋自郎中馬祥始也。

歷官

冬官使廠治，自關西周君福始。蓋在宣德之
末、正統之初也。其詳已不可考矣。

周福 陝西人。

張孚 山東兗州府東平州人，正統丙辰進士，正統三年移建白冶廠。

趙恕 順德府內丘縣人。

閆蕭 湖廣長沙府人。

胡純 山西人。

李尚 浙江寧波府慈溪縣人，正統戊辰進士。

夏澄 浙江台州府天台縣人，天順丁丑進士。

趙繕 山東東昌府臨清州人，天順庚辰進士。

張燾 直隸蘇州府長洲縣人，天順丁丑進士。

蕭鼎 廣東潮州府海陽縣人天順甲申進士

塗淮 江西南昌府靖安縣人景泰甲戌進士

勒璽 山東兗州府曹縣人成化己丑進士

陳勉 江西撫州府臨川縣人成化己丑進士

馬鉉 江西吉安府永新縣人成化壬辰進士

王均美 直隸真定府安平縣人舉人

李韶 四川叙州府富順縣人成化戊戌進士成化二十年到任

郭經 山西太原府人舉人成化二十一年到任

吳郁 直隸徽州府休寧縣人成化壬辰進士

蕭鼎 廣東潮州府海陽縣人，天順甲申進士。

塗淮 江西南昌府靖安縣人，景泰甲戌進士。

勒璽 山東兗州府曹縣人，成化己丑進士。

陳勉 江西撫州府臨川縣人，成化己丑進士。

馬鉉 江西吉安府永新縣人，成化壬辰進士。

王均美 直隸真定府安平縣人，舉人。

李韶 四川叙州府富順縣人，成化戊戌進士，成化二十年到任。

郭經 山西太原府人，舉人，成化二十一年到任。

吳郁 直隸徽州府休寧縣人，成化壬辰進士。

劉濂　山東東昌府臨清州人，成化戊戌進士。

滑浩　浙江紹興府餘姚縣人，成化壬
辰進士，弘治三年二月到任。

馬祥　陝西西安府同州人，成化辛丑進士。

王鉉　北京大寧中衛人，成化戊戌進士。

李珵　直隸常州府無錫縣人，舉
人，弘治十年九月到任。

徐江　順天府大興縣人，籍吳江縣人，弘
治己未進士，弘治十四年九月到任。

鮑瓘　山東青州府壽光縣人，弘治癸
丑進士，弘治十五年三月到任。

周郁　南京興武衛舉人，弘
治十七年十二月到任。

滕進　河南南陽府汝州人，舉
人，正德二年十一月到任。

王軌　直隸揚州府江都縣人弘治己未進士正德四年六月到任

李銳　江西吉安府安福縣人弘治己未進士正德五年十二月到任

葉信　浙江紹興府上虞縣人弘治壬戌進士正德六年十一月到任

高奎　河南開封府新鄭縣人舉人正德七年七月到任

傅浚　福建泉州府南安縣人弘治己未進士正德八年二月到任

徐麟　錦衣衛籍浙江龍遊縣人弘治壬戌進士正德九年六月到任

鐵冶志卷之上 終

王軌　直隸揚州府江都縣人，弘治己未進士，
　　　正德四年六月到任。

李銳　江西吉安府安福縣人，弘治己未進士，
　　　正德五年十二月到任。

葉信　浙江紹興府上虞縣人，弘治壬戌進士，
　　　正德六年十一月到任。

高奎　河南開封府新鄭縣人，舉人，
　　　正德七年七月到任。

傅浚　福建泉州府南安縣人，弘治己未進士，
　　　正德八年二月到任。

徐麟　錦衣衛籍，浙江龍遊縣人，弘治壬戌進士，
　　　正德九年六月到任。

鐵冶志卷之上 終

鐵冶志卷之下

文詞

遵化鐵冶工部分司題名記

從革之義，衍於箕籌；廿[1]人之職，設於《周禮》。攻金之工異其名，和金之齊異其數。鐵之有冶尚矣。《傳》曰："天生五材，誰能去兵。"《管子》曰："紅女必有一鍼一刀，若其事立。耕者必有一耒一耜一銚，若其事立。行服連軺輂者必有一斤一鋸一錐一鑿，若其事立。不爾而能成事者，天下無有。"[2]然先王裁成天地之

1 廿，古同"礦"。
2 按《管子·海王》載"今鐵官之數曰：一女必有一鍼一刀"云云。

057

1 右趾之馱，當作"左趾之馱"。語出《史記·平準書》，原作"馱左趾"。

道，輔相天地之宜，以足民生之用而已，不因以取利也。漢武帝於出鐵之郡置鐵官，凡四十郡。郡不出鐵者置小鐵官，屬所在縣。私鑄鐵器者，有右趾之馱[1]，有器物之沒。宋朝六金之冶，總一百七十一，皆主之以吏，歸之於官。於乎，天子富有四海，賦稅貢獻之入奚翅億兆，而取之瑣屑如是哉。我朝惟於出鐵之處，謫徒冶治，又多捐之，民不取焉。仁厚之至，蓋與古先聖王同符合轍矣。遵化鐵冶自唐已置，莫詳所在。勝國時，因沙坡谷產砂置冶。我

朝因之領以遵化諸衛指揮宣德間移於松棚谷始
以工部主事董之率三歲一更正統戊午移今白
冶山弘治丁巳又用工部郎中奉
璽書以理焉正德癸酉南安傅君以主事遷選陞署
郎中事來數月之後冶事盡舉乃撿故牘得前涖
事周君以下三十二人姓名刻石於廳事之東請予
記其首予惟上行下效此感彼應理之自然上之
人惟利是求則下亦惟以利進惟民是恤則下亦
惟民是紓今

朝因之，領以遵化諸衛指揮。宣德間移於松棚谷，始
　以工部主事董之，率三歲一更。正統戊午，移今白
　冶山。弘治丁巳，又用工部郎中，奉
璽書以理焉。正德癸酉，南安傅君以主事遷選，陞署
　郎中事。來數月之後，冶事盡舉。乃檢故牘，得前涖
　事周君以下三十二人名姓，刻石於廳事之東，請予
　記其首。予惟上行下效，此感彼應，理之自然。上之
　人惟利是求，則下亦惟以利進；惟民是恤，則下亦
　惟民是紓。今

國家著令，於出鐵之處，謫徒治冶，以充軍國之用。餘
　利盡捐於民，不復有禁，真非漢宋所及。諸君子來
　涖此者，皆仰體
祖宗法良意美，建白經理，減節調停，使
國用不匱而民力不竭。亦非漢宋所謂鐵官、主吏專
　事聚斂者可比。則題名之碑，上以彰
國家仁厚之政，下以著諸君子任事之良，正不可缺，
　顧可使其姓名泯然無聞於後乎。傅君當稱量煩
　猥之餘，而思致及此，其所養可知矣。君又以文學

飾冶事，考訂敘述，成《冶志》若干卷，詳審精密，可傳不朽。君名浚，字汝源，別號石崖。尊府諱凱，字時舉，成化戊戌進士，任戶部郎中。君弘治己未進士，任今官。令子橄，字廷濟，正德辛未進士，任行人司行人。家學淵源，稱重一時。行人君又予在閩時所取士，誼實通家，故記有不得辭者。是爲記。

正德癸酉十月望日，

賜進士出身、通議大夫、兵部右侍郎、前都察院右副都御史、奉

勅整飭薊州等處邊備兼巡撫順天等府地方西平
李貢撰

雙孝康娥碑

康氏二孝娥薊之遵化人父康二元季爲鐵冶長
煅煉月餘銖粟無所得費出不計法當坐重辟怖
甚將自經二女止之長者曰父死焉用我爲我今
死庶吾父之無譴火者曰不如我死則父與姊俱
無恙也既而並投於爐以死須臾而鐵成父得勿
坐卒封崇寧侯嗚呼中世以來孝道不絶如縷而

敕整飭薊州等處邊備兼巡撫順天等府地方、西平

李貢撰

雙孝康娥碑

康氏二孝娥，薊之遵化人。父康二，元季爲鐵冶長，煅煉月餘，銖粟無所得，費出不計，法當坐重辟。怖甚，將自經。二女止之。長者曰："父死，焉用我爲。我今死，庶吾父之無譴。"少者曰："不如我死，則父與姊俱無恙也。"既而并投於爐以死。須臾而鐵成，父得勿坐，卒封崇寧侯。嗚呼，中世以來，孝道不絶如縷，而

挈而維之，乃見於工家之二女。故我嘗謂跡其孝
不減於二孔之死家，跡其烈不減於二顏之死國。
雖然，彼非丈夫也，乃能相率爲是，使天下後世誦
爲美談，聞之者有所興起，以爲教本，豈不偉甚也
哉？或曰：「身死而鐵不就，將奈何？」石厓子曰：「二孝之
心，以爲殺身則可以完父，鐵之成否，非所逆料也。
而或者見其迹，又以神怪之事目之，陋矣。」今遵化
廠治，舊有爐神廟，祀康侯而從以二女。夫廟而祀
之固當。吾獨以爲二女之死父，彰彰如是，而自元

至今，未之有表者。雖有祀焉，非以其孝也，是豈風
化天下之意哉。於是即其繫牲之石而額之曰雙
孝康娥碑，因次其事以著之。詞曰：
倚孝雙娥，值天降凶。父役於冶，弗究厥工。女心孔
傷，遑賉我躬。曰兄若弟，厥德維同。分身烈焰，輕於
毫犹。神之聽之，自我民聰。維鐵之成，維父之功。吁
嗟二娥，孰啓其衷。人生大塊，猶金在鎔。瞬息俱盡，
誰能不終。維此孝烈，令聞無窮。石以揭之，八表同風。
正德癸酉夏六月望日南安傅浚書

萃景樓記

萃景樓在白冶之東，前工部郎中李君珵所構者。樓北聚土爲山，山蓄怪石，石間以花木。每及春夏之交，翠陰滿庭，鳥音相和，翛然有山林之趣。東南潛水道環於樓前，晝夜潺湲，其聲琤琤然，如絲竹之常鳴。四圍山崗繚亂，如獸伏而人立。爭奇獻秀，雜於窗櫺之下者，蓋不可以數計。此則兹樓聚景之大觀也。浚至白冶，每顧而樂之。暇則挾書而登，登而卧，卧而起，起而徘徊四顧。其情蓋不能無異

萃景樓記

萃景樓在白冶之東，前工部郎中李君珵所構者。
樓北聚土爲山，山蓄怪石，石間以花木。每及春夏
之交，翠陰滿庭，鳥音相和，翛然有山林之趣。東南
潛水道環於樓前，晝夜潺湲，其聲琤琤然，如絲竹
之常鳴。四圍山崗繚亂，如獸伏而人立。爭奇獻秀，
雜於窗櫺之下者，蓋不可以數計。此則兹樓聚景
之大觀也。浚至白冶，每顧而樂之。暇則挾書而登，
登而卧，卧而起，起而徘徊四顧。其情蓋不能無異

者東望遼左，西望長城，相距無幾。聞隋唐之役，生靈百萬，死於鋒刃。欲按當時勝敗之迹，以尋其興衰得失之故。顧今已無知者，惟徒付之太息。北望京師，咫尺孔邇。念

者。東望遼左，西望長城，相距無幾。聞隋唐之役，生靈百萬，死於鋒刃。欲按當時勝敗之迹，以尋其興衰得失之故。顧今已無知者，惟徒付之太息。北望京師，咫尺孔邇。念

天顏之久曠，思少進於讜言而未能也。蓋有不勝其眷眷之私者。南望閩甌，白雲晻靄，想吾親舍當在其下，而菽水之奉久缺，忽不自知其涕泗之縱橫也。嗚呼，百思係之矣。然嘗聞之，古之君子，進則勳業，樹於當時，退則孝友，施於有政，未有進退無所

據者。此浚之所爲愧也。浚既愛斯樓之勝，而情又
不能釋然，故書以記之，而因以識吾愧。
正德癸酉秋七月既望

祭爐神文　　　郎中葉信著
正德某年月日具官某敢昭告於
崇寧侯之神曰：“陶鎔煅煉，足國利生。默相冥佑，惟
神之靈。恭脩歲事，釃酒陳牲。神其昭格，陟降於庭。”
　　舊時祭文皆以金火二仙姑從饗，然非
禮也，故削之。崇寧侯姓康，名二，元時爲

爐長金火二仙姑侯之二女也浚謹識

祭土神文

正德某年月日具官某敢昭告於

土地之神曰惟神默佑茲土鐵賦用興謹以牲醴

用將我誠尚饗

祭禮

執事者各司其事　陪祭官各就位

祭官就位　瘞毛血

迎神

　　　爐長。金火二仙姑，侯之二女也。浚謹識。

祭土神文

正德某年月日具官某敢昭告於

土地之神曰："惟神默佑茲土，鐵賦用興。謹以牲醴，用將我誠。尚饗。"

祭禮

執事者各司其事　陪祭官各就位

祭官就位　瘞毛血

迎神

興　平身　復位

酒　詣神位前　跪　進爵　俯伏

行亞獻禮　詣酒罇所　司罇者舉羃酌

平身　復位

進爵　進帛　讀祝　俯伏　興

司罇者舉羃酌酒　詣　神位前　跪

詣盥洗所　酌水　進巾　詣酒罇所

行初獻禮

鞠躬拜興　拜興　平身

鞠躬拜興　拜興　平身

行初獻禮

　詣盥洗所　酌水　進巾　詣酒罇所

　司罇者舉羃酌酒　詣　神位前　跪

　進爵　進帛　讀祝　俯伏　興

　平身　復位

行亞獻禮　詣酒罇所　司罇者舉羃酌

　酒　詣神位前　跪　進爵　俯伏

　興　平身　復位

行終獻禮　詣酒罇所　司罇者舉冪酌
　酒　詣神位前　跪　進爵　俯伏
　興　平身　復位
飲福受胙　詣飲福位　跪　飲福酒
　受胙　俯伏　興　平身　復位
送神　鞠躬拜興　拜興　平身　讀祝
　者捧祝　獻帛者捧帛　各詣　所
望瘞　諸望瘞位　焚祝　焚帛
禮畢

土地之祭，舊禮簡甚。竊意當與祭爐
之儀同，物則隨時可也。浚識。

雜識
【造化自然第一】

鐵者，五行之金，金之麤者也。其氣剛勁而鋒利，凡
物遇之，未有能獨完者。顧其煅煉皷鑄之方，雖則
出於人爲之力，然其陶鎔變化之妙，則亦造化自
然之機也。人心之靈智，固如是哉。

【爐與壽夭第二】

凡爐之興，俱以百日爲度。初而微，微而盛，盛而
衰，衰而老，老而敗，未有久而不敗者。蓋其分如是，其

數亦如是也。人生百歲，其分則亦有類焉者。今乃

欲區區之術而求長生不死，蓋亦惑矣。凡爐之興，有四五十

日而敗者，有六七十日而敗者，有八九十日而敗

者。人之壽夭，固亦如是也。故吾以爲類於人。

【功多利倍第三】

生鐵之鍊，凡三時而後成。熟鐵由生鐵又五六鍊

而後成，鋼鐵由熟鐵又必九煉而後成焉。是以其

氣尤勁，其芒尤利。用之於物，物莫能禦之矣。蓋功

之多者，其利自倍也。

【炭柴得宜第四】

鍊生鐵用炭，煉熟鐵用柴。凡柴皆可用，惟榆柳之

柴則非所宜者，惟炭也亦然。然炭又有參以灰沙，

参以水礫，参以榾董者，皆不可以不審。榾董，炭之
未過者，土人謂之木榾董。京師謂之烟頭，薊州謂之榾柮，閩人謂之炭糟。

【砂石異類第五】

砂者皆大爐之所需。砂有黑砂、紅砂、今謂雞冠砂。
荒砂、河砂。黑砂帶鑛礦則其最高者。紅砂次之。荒砂
則陶洗不净，再陶亦可。河砂雖黑，然絕無鐵礦，決
不可留。石子惟出於水門等處，帶紅白者爲佳，餘
亦不可用也。

【二女孝烈第六】

石厓子將有事於爐祠，有趨而告者曰：“今之爐神，
則元之爐長康侯也。康當爐四十日而無鐵，懼罪，

欲自經。二女勸止之，因傷其父之無罪，共投於爐
而死焉。其死也，或見其飛騰光焰中，若有龍隨而
起者。頃之，而鐵成液。元封其父爲崇寧侯，二女爲
金火二仙姑。二女真神怪矣哉。”石厓子曰：“世果有
斯人乎，誠古之孝女也，何神怪之有哉。借或有焉，
則豈不能成鐵於四旬之前，而必以身死之。蓋其
死也，自分以爲當然，庶幾可明其父之無罪，其他
非所計者。及其死而鐵液成焉，則亦孝誠之感召，
而機會之偶合耳，是豈真有幻變之術而然哉。然

成不成皆無足論者我獨憐其兄弟之死出於愛
父激切之誠心而誠天理民彝之不容已者雖漢
曹娥唐二寶亦不得以專美於前矣其有關於風
化也甚大竊怪乎元之有司不能表其孝親之志
而浪以神仙飛騰之說輕聞於當時當時在庭之
臣亦不能彰其死親之節而濫以仙姑之陋號加
之遂使其一念之孝烈竟與神仙鬼怪者同科烏
乎可慨也吾故著而出之庶幾百世之下猶有能
明二女之心者

成不成，皆無足論者。我獨憐其兄弟之死，出於愛
父激切之誠心，而誠天理民彝之不容已者。雖漢
曹娥、唐二寶亦不得以專美於前矣。其有關於風
化也甚大，竊怪乎元之有司不能表其孝親之志，
而浪以神仙飛騰之說，輕聞於當時。當時在庭之
臣亦不能彰其死親之節，而濫以仙姑之陋號加
之，遂使其一念之孝烈，竟與神仙鬼怪者同科。烏
呼，可慨也。吾故著而出之，庶幾百世之下，猶有能
明二女之心者。"

鐵冶贏八百家而無祈報之所舊時有為立玄武廟
關公廟及三官廟者此皆淫祠非禮也近時又有
立城隍廟者城隍似矣而亦非也吾嘗聞之矣古
之建國者有王社有國社有里社王社者天子主
之即所謂郊社者是已但郊在郭外而社在宮禁
與宗廟相對所謂左宗廟右社稷者或以郊社同
在一所恐亦非也國社則諸侯主之今郡縣之社
稷是已里社則鄉長主之所謂鄉社者是已蓋天
尊而地親故祀天之禮惟天子可以行之而祀地

【里社當立第七】

鐵冶贏八百家，而無祈報之所。舊時有爲立玄武廟、
關公廟，及三官廟者。此皆淫祠，非禮也。近時又有
立城隍廟者。城隍似矣，而亦非也。吾嘗聞之矣。古
之建國者，有王社，有國社，有里社。王社者，天子主
之，即所謂郊社者是已。但郊在郭外，而社在宮禁，
與宗廟相對，所謂左宗廟，右社稷者。或以郊、社同
在一所，恐亦非也。國社則諸侯主之，今郡縣之社
稷是已。里社則鄉長主之，所謂鄉社者是已。蓋天
尊而地親，故祀天之禮惟天子可以行之。而祀地

之禮則自王公至於士庶無不可行也我
太祖高皇帝深明此義洪武之初著令天下郡縣皆
立社稷鄉村都鄙各立鄉社蓋所以從斯民祈報
之欲而一天下歸向之心也良法美意洵可垂裕
於無窮矣然而數十年來浚遊南北未見有里社
者豈偶未之見與抑亦近日之廢弛也然則爲我
廠民計惟建里社而已矣此則
國朝舊制而事理之宜然者固非迂辭而浪語也
遵化之墟時有禿龍見焉或曰是龍也舊伏於大

之禮，則自王公至於士庶，無不可行也。我

太祖高皇帝深明此義。洪武之初，著令天下郡縣皆

立社稷，鄉村都鄙各立鄉社。蓋所以從斯民祈報

之欲，而一天下歸向之心也。良法美意，洵可垂裕

於無窮矣。然而，數十年來，浚遊南北，未見有里社

者。豈偶未之見與，抑亦近日之廢弛也。然則爲我

廠民計，惟建里社而已矣。此則

國朝舊制，而事理之宜然者，固非迂辭而浪語也。

【鐵化爲龍第八】

遵化之墟，時有禿龍見焉。或曰："是龍也，舊伏於大

爐四十日而火不成鐵康娥投之其龍驚而起起
而焚其尾故為禿龍尾石厓子曰噫甚矣世之好
怪而不求之於理也爐之興也光焰數十丈使有
龍盤於下其不為灰燼渾化者幾希安能久存四
十日哉曰然則其無龍乎曰蓋亦有之而非向之
所云也曰然則可得聞乎曰可昔春秋時吳王嘗
令匠氏鑄劍久之而不成匠氏夫妻干將鏌鋣者
投於爐而死既死而雙劍成其光芒特異焉王因
以其夫妻之名名其劍及王沒而劍亦沒晉張華

爐，四十日而火不成鐵。康娥投之，其龍驚而起，起
而焚其尾，故爲禿龍尾。”石厓子曰：“噫，甚矣，世之好
怪而不求之於理也。爐之興也，光焰數十丈，使有
龍盤於下，其不爲灰燼渾化者幾希，安能久存四
十日哉。”曰：“然則其無龍乎？”曰：“蓋亦有之，而非向之
所云也。”曰：“然則可得聞乎？”曰：“可。昔春秋時吳王嘗
令匠氏鑄劍，久之而不成。匠氏夫妻干將、鏌鋣者
投於爐而死。既死而雙劍成，其光芒特異焉。王因
以其夫妻之名名其劍。及王沒而劍亦沒，晋張華

令雷煥求於豐城獄而得之其後過延平劍竟化
為龍去故名其溪曰劍溪又五代時南安浮屠嘗
得奇劍以獻於王審知中途亦忽化為龍因以龍
興名其寺蓋鐵之為龍也舊矣曰是何以能為龍
曰鐵者砂之精劍者鐵之精況又得人之精氣以
合之則變而為物也亦宜曰爐興四十日其鐵皆
安在曰此收其精以注於龍也曰何以不早奮曰
物固不靈於人也得人精氣以附之則龍斯奮矣
曰然則何為禿其尾曰此鑄未久而勢未成勢未

令雷煥求於豐城獄而得之。其後過延平，劍竟化

爲龍去，故名其溪曰劍溪。又五代時，南安浮屠嘗

得奇劍，以獻於王。審知中途亦忽化爲龍，因以龍

興名其寺。蓋鐵之爲龍也舊矣。"曰："是何以能爲龍？"

曰："鐵者，砂之精。劍者，鐵之精。況又得人之精氣以

合之，則變而爲物也亦宜。"曰："爐興四十日，其鐵皆

安在？"曰："此收其精以注於龍也。"曰："何以不早奮？"曰：

"物固不靈於人也，得人精氣以附之，則龍斯奮矣。"

曰："然則何爲禿其尾？"曰："此鑄未久而勢未成，勢未

成而人觸之，故其尾禿焉。非火之所能焚也。使火
能焚其尾，則龍豈復有餘種哉。但銅鐵之屬，凡得
生氣之物附之，其久也皆變，變則不可用矣。物固
不利於變也，然終亦必復而已矣。"僉曰："然。吾今而
後，始知鐵之未始不爲龍，而龍之未始不爲鐵也。"
雖然，予亦荒謬久矣。予姑識之，以俟博物之君子。

凡龍有數種，有陽氣而結者，有種類而生者，有魚
蛇而變者，有銅鐵而變者。其終也皆盡，惟銅鐵則
復爲
銅鐵。

【白冶土產第九】

白冶僻在叢山中，商賈不通，飲食器用之需，五日

而一集。集之日，遠近畢至，日暮而隨去，然所貨者
亦僅柴炭蔬菓之類，其他珍味奇貨皆無也。故其
鄉人往往多壽，至今八九十歲，猶有數人焉。蓋其
嗜欲少而滋味薄也。予未出京師時，卿士夫有相
戲者曰："鐵冶窮山海之味，雖京師亦不能踰者。"予
素甘海味，初聞而亦快之。及至，數月而後，甫得魚
兔而食焉，雖牛羊之屬亦不可以常有，餘則未之
嘗也。豈予所遭，非其時與。抑予蹇拙無似，無以致
之也。每思及之，惟付一笑。然予不能知，白冶之人

其必知之矣。

【歷代鐵冶第十】

遵化縣舊有灤陽冶、大峪冶、彩鳳金鐵冶、西鐵廠、南鐵廠，是皆歷代治鐵之所，故址今猶存也。第其開創之始則無可考者，然此地自周已入職方，漢晉以來又皆內屬，砂之可以爲鐵，當時豈無能識之者，天生五材固不能久秘而不用也。特以陵谷變遷，時異世殊，故人不及知耳。況今遵化所在，廢址猶多。然則鐵賦之興，其來已久，於此亦可見矣。謾識於此，以俟知者。

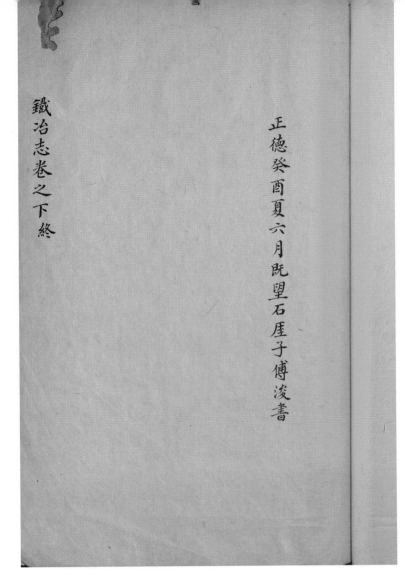

正德癸酉夏六月既望石厓子傅浚書

鐵冶志卷之下 終[1]

1 卷下末葉背面收藏印記：
"寒秀 / 草堂"朱文長方印。

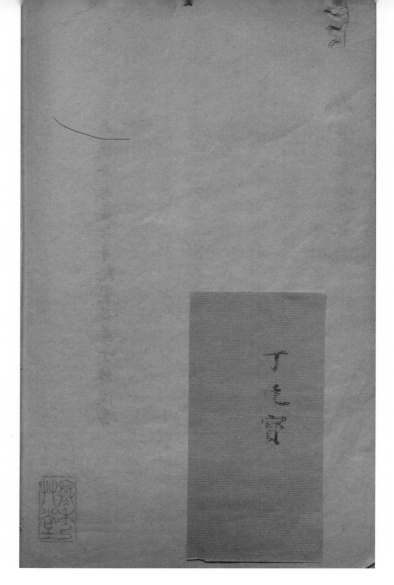

【 書內夾帶紅紙名片正面，其上印"丁廷寶"三字 】

附録一　序跋著録

重續鐵冶志小序^{〔一〕}　起曹稿　　【唐文燦】

唐文燦曰：自傅浚川公首纂《鐵冶志》，而綜終始以加修飾者，實成於紀文泉公手。詳哉其志之也。兩公於予，一爲先輩鄉大夫，一爲使署故長僚。予誠雅慕其聲蹟，誦所論著，以代著蔡者，蓋未典冶時既然矣。比躡斯任，則手其帙自隨，將按據而倣襲之。然覆校新故吏牘，竊覩先所條議，間有格於時、窒於勢而未獲遂者概存焉。以明始願，驟而視之，較若己事，而循跡則難。又更後至數公追俗爲制，遞損遞增，不能皆應本始，而舊文尚未及述，頗病其邇事之無足徵焉。每一閱，輒撫卷歎曰："嗟乎，是安可莫之續哉！誰當續是者，將不在予典冶者乎？"暇日乃分覈參訂，摘其空談，而附綴其所闕漏，蘄以成紀實彙全之書，令纂且修者益詳於所續。續未竟，有嘲予者曰："無能續前修功緒一二，僅矹矹然虛續其書篇何爲？"則笑而解之曰："夫能者以功緒續，無能者以書篇續，固其職也。且新故之謀慮、張設既具見今所續中，庸詎知後無有能者，因而會通以廓其業乎？則斯舉爲不虛矣。"續既竟，遂識其語於篇端，後有君子得以覽焉。

《浙江採集遺書總錄》^{〔二〕}

《鐵冶志》一册 振綺堂寫本

右明工部郎中南安傅浚撰，係浚正德間督理遵化鐵廠時所集，自建置至雜識共二十三條。

〔一〕唐文燦《享掃集》卷二，10b–11a，日本尊經閣文庫藏萬曆十五年序刊本（據京都大學人文科學研究所藏影印本）。唐文燦（1525—1603），字若素，號鑑江，福建漳浦人，隆慶二年（1568）進士，萬曆三年（1574）以工部郎中督理遵化鐵冶。

〔二〕沈初等《浙江採集遺書總錄·閏集》，19a，中國書店編《海王村古籍書目題跋叢刊》第 2 册影印乾隆三十九年浙江刻本，北京：中國書店，2008 年，第 414 頁。

《四庫全書總目》[一]

《鐵冶志》二卷 浙江巡撫採進本

明傅浚撰。浚字汝源，南安人，宏（弘）治己未進士，官至工部郎中。正德癸酉，浚督理遵化鐵廠，創爲此志。自建置、山場，迄於雜職[二]，凡二十三目，冠以公署、鐵廠二圖。所紀皆歲辦出入之數，頗瑣屑，無裨考證。案《明史·職官志》載工部分司，衹[三]有提督易州山廠柴炭一員。而浚所志遵化分司，始委主事，宏治中改用郎中奉敕董理，列歷官姓名甚悉。不知史志何以遺之，殆其後又經裁汰耶？

《赫拉波維茨基先生遺存漢文滿文藏書目録》[四]

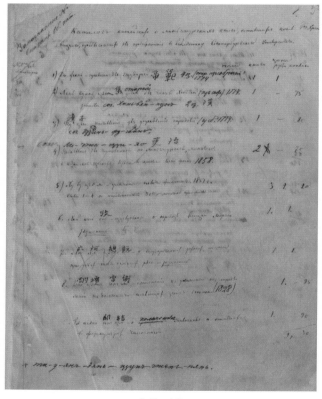

【首頁】

〔一〕紀昀等纂《四庫全書總目》卷八十四史部四十政書類存目二，4b–5a，乾隆六十年武英殿刻本，《國學基本典籍叢刊》第 24 冊，北京：中華書局，2019 年，第 76—77 頁。

〔二〕職，當作“識”。

〔三〕衹，原作“祇”，據文意改。

〔四〕聖彼得堡大學圖書館東方系檔案資料：Научная библиотека СПбГУ им. М. Горького, Восточный отдел, архивный документ《Каталог китайских и маньчжурских книг Г-на Храповицкого, предлагаемых для приобретения в библиотеку С.-Петербургского университета》составлен В.П. Васильевым, 1861 г.）按，1861 年瓦西里耶夫推薦聖彼得堡大學圖書館購入并爲之編目。該目末頁第 150 號即《鐵冶志》，以下影印首頁及末頁。

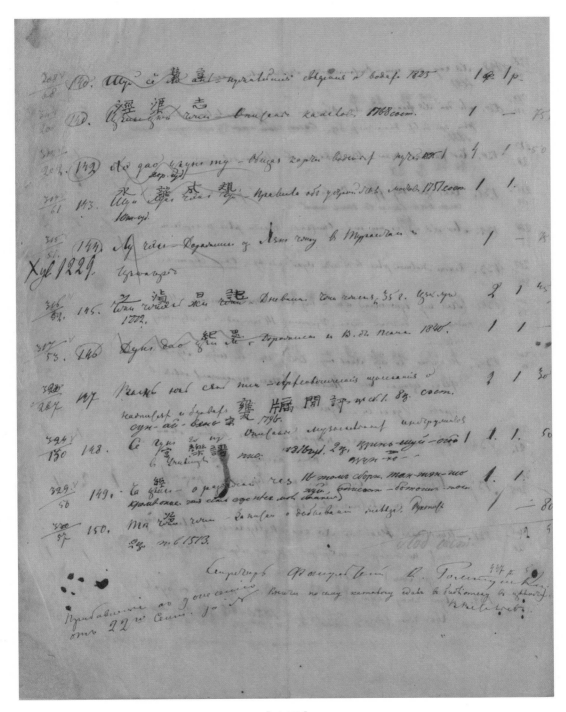

【末頁】

089

附録二　傅浚傳記資料

　　傅浚（約 1468—約 1517），字汝源，號石崖（或作石厓子、石涯），福建泉州府南安縣人，弘治五年（1492）舉人，弘治十二年（1499）進士。初任户部主事，尋爲劉瑾排擠削籍。正德五年（1510）劉瑾敗死，浚復起，爲工部虞衡司員外郎。正德八年（1513），以工部虞衡司郎中督理遵化鐵冶，創修《鐵冶志》。正德九年（1514）回部，轉都水司郎中。後出任山東轉運同知，正德十二年（1517）左右卒於官，時年約五十歲。初娶莊氏，生子橄。繼娶王氏。浚父傅凱，字時舉，號敬齋，天順三年（1459）舉人，成化十四年（1478）進士，歷官户部主事、員外郎、郎中。子傅橄（1492—約 1571），字廷濟，號西崖（或作西巖），正德二年（1507）舉人，正德六年（1511）進士，行人司行人。以上綜合附録二内傳記資料、《南安縣志》鄉會試題名、《鐵冶志》傅浚自序、李貢《遵化鐵冶工部分司題名記》（《鐵冶志》卷下）。

萬曆《泉州府志》[一]

　　傅浚，字汝源，南安人。凱之子，性謹厚。弘治己未進士，授户部主事。丁父憂，爲逆瑾矯旨削籍。瑾敗，起工部虞衡員外郎。進郎中，理蓟州鐵冶，釐革宿弊，省鐵竈費三之一，遂爲定制。改都水，出納不狗私請。卿長固位賂中官，屢索羨餘。浚不從，爲所排出。爲山東轉運同知，卒於官。

〔一〕陽思謙、黃鳳翔等纂修《泉州府志》卷十九，23b–24a，萬曆間刻本。乾隆《泉州府志》傅浚傳略同，記別號作“石崖”，文末小字注出處“舊志”。參見懷蔭布修，黃任等纂《泉州府志》卷四十七，23b，乾隆二十八年成書，中國國家圖書館藏同治九年重刻本。按，《閩書》傅橄（傅浚子）傳并《正德六年進士登科録》，正德六年傅橄成進士，祖父傅凱尚在世（“重慶下”）。各書傅浚傳均以“丁父憂”在正德五年劉瑾敗死之前，或係丁母憂之誤。按，正德五年九月，詔復官正德二年以後降調仕籍等五十三人（傅浚在内），俟有缺取用。參見《明武宗實録》卷六十七，正德五年九月癸酉條，“中央研究院”歷史語言研究所 1962 年校印本，第 1486 頁。又按，萬曆《山東鹽法志》，山東轉運同知名單内無傅浚，浚任職前後同知列有郁敬修（正德九年任）、郭濬（正德十三年任）、王俸（正德十五年任）。參見查志隆《山東鹽法志》卷一，17b，“國家圖書館”（台北）藏萬曆十八年刻本。

康熙《南安縣志》〔一〕

傅浚，字汝源，號石涯，凱之子。登弘治己未進士，授户部主事。丁父憂。爲逆瑾矯旨削籍。瑾敗，起工部。進郎中，理薊州鐵冶，釐革夙弊，損鐵寵費三之一，遂爲定制。改都水，慎出納，不狗私請。卿長屢索餘羨，將以賂中貴。浚不應，遂出爲山東轉運同知。卒於官。子樴，見進士。

《本朝分省人物考》〔二〕

傅浚

傅浚，南安人，弘治中進士，授主事。丁父憂，遭逆瑾密法除名。瑾敗，起工部員外郎，進郎中。歷歷中外，以績著。

《閩書》〔三〕

傅仁孚，幼聰敏，通經史。永樂間，以懷才抱德薦辟，授本縣學訓導，陞大興學教諭。族子凱。

凱，字時舉，少年材器拔萃，究心易學。舉進士，授户部主事，提督天津等八衛，督催南畿浙福財賦，以賑西北饑旱，事集而民不擾。謝政歸，日與諸士講習，四方求文者踵至。子浚。〔四〕

浚，字汝源。授户部主事，丁父憂，遭逆瑾密法除名。瑾敗，起工部虞衡員外郎。進郎中，理薊州鐵冶，釐革宿弊，損鐵寵費三之一，遂爲定制。改都水，慎出納，不徇私請。卿長屢索餘羨，將以賂遺中貴人。浚不應，爲所排出。爲山東轉運同知，暴卒官

〔一〕劉佑修，葉獻綸纂《南安縣志》卷十四人物志三，1b–2a，中國國家圖書館藏康熙十一年刻本。《南安縣志》弘治七年（1494）、崇禎五年（1632）凡二修，無傳本；存世者有康熙志、民國志。按，民國《南安縣志》傅浚傳全同乾隆《泉州府志》小傳。參見蘇鏡潭纂《南安縣志》卷二十四名臣，12b，民國泉州泉山書社鉛印本。

〔二〕過庭訓《本朝分省人物考》卷七十一泉州府，13a–b，天啓刻本，《續修四庫全書》第535冊，第156頁。

〔三〕何喬遠《閩書》卷八十八英舊志·泉州府南安縣，23b–24b，崇禎間刻本，《四庫全書存目叢書》史部第206冊，第292—293頁。

〔四〕康熙《南安縣志》傅凱傳略同，同書卷首存《明弘治甲寅年舊志序》，署"賜進士出身、奉直大夫、户部雲南清吏司郎中、前陝西司員外、四川司主事、治生傅凱頓首拜譔"。參見劉佑修，葉獻綸纂《南安縣志》卷十四人物志三，1b。乾隆《泉州府志》傅凱傳略同，多"號敬齋"，文末小字注資料來源"《閩書》○按《異林》，凱嘗爲行人使異域，而《閩書》不載"。參見懷蔭布修，黃任等纂《泉州府志》卷四十七，17b。民國《南安縣志》傅凱傳略同，多"溪南錦田人"，轉郎中之前增"又嘗爲行人，使異域"，文末增"宏治年間，邑侯黃濟延修《南安縣志》"，小字注明資料來源"舊志、採《閩書》"。參見蘇鏡潭纂《南安縣志》卷二十四名臣，12a–b。

舍。子橚。〔一〕

　　橚，字廷濟，年十六舉於鄉，二十登進士，授官行人。方歸娶，其祖凱尚在。郡守諸公來賀，凱治席延諸公。橚奉肴酒，束身傍侍謹甚。浚郎工部時，橚以行人有事於德府。事未竣，聞母病在京師，請入京視母，方再往德竣事。禮部尚書劉春曰：「無害於公，而可教孝，何成案之拘耶。」覆奏許之。人稱橚孝。母沒，居喪遵禮。其後浚娶，後妻從官邸，私其二蒼頭奴。浚稍稍聞之，欲行處分，以此遂暴卒。橚聞奔邸，且慟且疑，密得狀。二蒼頭奴驚覺，遽亡去。及扶櫬歸，密求二奴者。久之，知其一亡之德化縣，傭深山巨姓家。橚微行，至巨姓家告之曰：「聞有一奴，力作君所，是僕奴也。欲得見之，君幸無匿。」巨姓出奴，橚告巨姓曰：「是僕有罪，不可面數，君幸入內。」出袖中錘，破奴顙，立殺之。謝巨姓去。而其一不可得矣。喪葬畢，慟而誓曰：「父讎尚一，可為人耶。」裂衣冠，屏妻子，蓬頭垢面，憔悴郊墟間，風雨饑寒，不知避就。時時書懷感憤，撰詩若文，走帖市頭坊門。大率廋詞隱語，然讀而翫之，知其深於道德而出於仁孝也。此時親戚朋友即亦不能知橚，目橚狂易而已。酒橚每遇迅雷爍電，雖中夜必起，正衣冠拱立。武宗皇帝哀詔至，具衰杖，朝夕臨，終期然後釋服。至其子熹卒，不哭也。或詰之曰：「古有喪，明公何忍耶。」橚泣下曰：「不能為子，而敢為父。」傅之諸父不忍橚瘁，數請歸舍，卒不肯。久之，其繼母卒。會倭奴入寇，充斥郭外，橚迺歸舍，為文告祖。蓋自廢自棄，自罪自罰者三十九年。歸而居屋頹敗，風雨不蔽。子勳請稍葺治。橚欷歔曰：「吾父居於斯而不得考終於斯，敢圖安耶。」又十有五年而橚卒。〔二〕

〔一〕《閩中理學淵源考·同知傅石涯先生浚》小傳文末注明取材「《閩書》《陳紫峰先生文集》」，即據《閩書》傅浚傳、陳琛《祭傅石崖先生文》（《紫峰陳先生文集》卷十一）刪略而成。參見李清馥《閩中理學淵源考》卷五十九，13b—14a，《景印文淵閣四庫全書》史部第 460 冊，第 598—599 頁。

〔二〕康熙《南安縣志》傅橚傳略同，多「別號西崖」，文末作「有司題之曰苦節純效」。萬曆《泉州府志》傅橚傳較簡略，諱言家變內情。乾隆《泉州府志》傅橚傳最詳，別號作「西巖」，多「領正德丁卯鄉薦」，「聞母莊氏病」；「父繼娶王氏，之山東運同，任每以艤務公出。王不設閑域，有二蒼頭侵狎之。父稍聞，欲伺實處分。二奴先為逆謀，一夕父暴卒」；「苦節純孝」後多「大司冠黃光昇為之傳」；文末小字并注資料來源「舊志、參《閩書》」，實有溢出《閩書》、萬曆志小傳之外者。「舊志」疑崇禎《南安縣志》（佚）或隆慶《泉州府志》（佚，黃光昇纂），或存黃光昇所撰傅橚傳。《閩中理學淵源考·行人傅廷濟先生橚》文末多一句「萬曆己卯翰林習教孔司理泉州榜其廬曰苦節純孝」，小傳注明取材《越章錄》（佚）。參見劉佑修，葉獻論纂《南安縣志》卷十四人物志三，4a—5a；陽思謙、黃鳳翔等纂修《泉州府志》卷十九，27b—28a；懷蔭布修，黃任等纂《泉州府志》卷五十八孝友，11a—12a；李清馥《閩中理學淵源考》卷六十，18a—19a，《景印文淵閣四庫全書》史部第 460 冊，第 613—614 頁。按，正德八年，「行人司行人傅橚，先奉使德府為濟寧王治葬事。以葬期尚遠，而母氏在京疾篤，奏乞暫回省視。禮部為請，詔許暫歸，不為例」。參見《明武宗實錄》一〇三卷，正德八年八月壬子條，「中央研究院」歷史語言研究所 1962 年校印本，第 2129 頁。又按，嚴從簡《使職文獻通編》（「國家圖書館」〔臺北〕藏嘉靖四十四年刊本）卷四（25a），行人司行人名單載「傅橚，福建南安人，歷副使」。

《弘治十二年會試録》[一]

第八十二名　傅浚，福建南安縣人，監生。《易》。

《正德六年進士登科録》[二]

傅機　貫福建泉州府南安縣，軍籍。國子生。治《易經》。字廷濟，行三，年二十，八月十九日生。曾祖振，贈户部主事。祖凱，户部郎中。父浚，工部員外郎。母莊氏，封安人。重慶下。兄桓、棟。弟柏、柟、櫧。娶趙氏。福建鄉試第七十五名，會試第九十八名。

傅浚字汝源説[三]　【蔡清】

南安傅生名浚，字汝源。蓋取諸恒言所謂浚其源者也。此其尊甫地官員外郎時舉公所自裁者也。生之冠也，公屬予爲閲文公冠禮行之，予因用其字以命之。漳郡黄伯馨，吾郡田景瞻、郭文博輩咸在會，既而請予爲發其字之義。惟生之才質可愛可期，人多能道之者，然予之所期於生者，又不止學問文章一技。其學問文章，亦流也，亦源也。夫源在汝，汝而源之，斯汝源矣。不然，源非汝源，且并其流而失之矣。孟子云："源泉混混，不舍晝夜。盈科而後進，放乎四海。有本者如是"。此之爲汝源。朱子云："半畝方塘一鑑開，天光雲影共徘徊。問渠那得清如許，惟有源頭活水來。"亦所謂汝源也。顧二夫子之言，皆引而不發。予也何人，又安能喋喋，聊爲生一舉舊聞誦之耳。況生素志非止涉其流者，乃父所以命名擬字之意，噫，當毋負矣。

祭傅石崖先生文[四]　【陳琛】

世之論者，謂學有道學、俗學，人有古人、今人。夫道學、古人之不作也久矣。而

〔一〕《天一閣藏明代科舉録選刊·會試録（點校本·上）》，寧波：寧波出版社，2016年，第574頁。按，傅浚，福建南安人，軍籍，弘治十二年殿試二甲第四十三名。參見朱保炯、謝沛霖編《明清進士題名録索引》，臺北：文海出版社，1981年，第738頁。

〔二〕《天一閣藏明代科舉録選刊·登科録（點校本·中）》，寧波：寧波出版社，2016年，第239頁。按，傅機，福建南安人，軍籍，正德六年殿試三甲第一〇八名。參見朱保炯、謝沛霖編《明清進士題名録索引》，臺北：文海出版社，1981年，第740頁。

〔三〕蔡清《蔡文莊公集》卷四，41b–42a，乾隆七年遜敏齋刻本，《四庫全書存目叢書》集部第42册，第704—705頁。

〔四〕陳琛《紫峰陳先生文集》卷十一，18b–19a，哈佛燕京圖書館藏乾隆三十三年刻本。按，傅浚正德九年（1514）卸任遵化鐵廠，返回北京工部，轉都水司郎中，繼出任山東轉運同知，卒於官。推測其卒年在正德十二年（1517）左右。若按《祭傅石崖先生文》所謂"五十告終"，則傅浚生年約在成化四年（1468）。

託名寄迹於閒者，又皆不自知其非。真若吾石崖先生，闇闇淡淡，温温訥訥，未嘗修飾表暴以示諸人，曰吾將由古道以出也。然而，君實一生之誠，濂溪天下之拙，無文者堯夫易圖，有文者橫渠禮節。此其學何學，而其人何人，論者亦必有定説矣。蓋虛齋其師，敬齋其父，古意道心，傳受有素。加以天資朴實，與道爲鄰，故能茹苦受辛，必由向上路，必作君子人，不肯以其胸中之耿耿者，而自混於流俗之塵也。嗚呼，先生之所以取諸父師而成之者如此，可不謂之能後乎。今行人君廷濟又將盡述其得諸先生者而大發之，可不謂之有後乎。能後有後，是極天下之壽。然則雖以五十告終，而亦何憾之有。至若水部、鹽司，位不稱德，用不盡才，此其責不在我，而凡稍有識者亦能自排。而謂人物如先生者，而猶有介然於懷耶。惟是賢哲彫謝，斯道寥落，而在吾黨，則不能以不哀也。先生有知，其亦亮之哉。

附録三　遵化鐵廠資料

《明實録》[一]

《明太祖實録》卷一三五，洪武十四年二月癸酉（十七日），5b（第2146頁）

命刑部更定徒罪煎鹽、炒鐵例。【中略】凡徒罪炒鐵者，江西之人發泰安、萊蕪等處；山西之人發鞏昌；北平之人發平陽；四川之人發黃梅；海南、海北之人發進賢、興國。

《明太宗實録》卷二〇上，永樂元年五月癸未（七日），4a-b（第359—360頁）

宥雜犯死罪以下囚徒：死罪，發戍興州；流罪，遵化炒鐵，役滿放還；徒罪，文武官依例停俸，餘并正輸作百日；笞杖罪，皆釋之。

《明太宗實録》卷四十九，永樂三年十二月乙酉（二十三日），3b（第742頁）

都察院奏：奉命詳定原議笞杖徒流罪條例，勘酌適中以聞。今議徒、流罪發充恩軍者，於長安左右門造守衛官軍飯，於漢、趙二府牧馬。不充軍者充國子監膳夫、將軍軍伴、土工，或於北京爲民種田，於遵化炒鐵，或自買船遞運，或擺站運鹽。笞杖罪止鑄錢准工。從之。

《明宣宗實録》卷十四，宣德元年二月戊寅（十四日），5a（第381頁）

行在工部尚書吳中奏：造軍器缺熟鐵，請於江南諸處收買，然道遠恐不及期。今擬發民往遵化鐵冶，先運鐵二[二]萬斤備用。上曰：遵化既有鐵，何用買於江南。況鐵重滯，遠運尤勞民。今當農時而有此役，官吏、里胥逼迫，民必受害而妨廢農功，止取於遵化足矣。

[一]《明實録》，"中央研究院"歷史語言研究所校印本，1962年。括號內爲影印本頁碼。
[二]二，當作"二十"。

《明宣宗實錄》卷十七，宣德元年五月丁酉（四日），4a-b（第453—454頁）

鎮守薊州山海都督僉事陳景先奏：比有令，遵化仍開冶炒鐵，所役軍民，如舊取用。臣按，舊役遵化、東勝右、忠義中、興州前屯四衛軍士千人，久已遣還發補神機營及諸衛守備。又永平府、灤州及遷安等六縣民千人，亦驗丁養馬，及有他役。今正當耘耨之時，役之恐妨農事。乞先以遵化、東勝右、忠義中、永平、盧龍、東勝左、薊州、鎮朔、營州右屯、開平中屯、興州右屯、興州前屯、興州左屯十三衛，及寬河守禦千戶所、神機營遣還操備官軍內，量其多寡，暫借應役，兩番更代。俟秋收畢，仍發永平州縣民及旁近衛所軍士如舊赴工。從之。

《明宣宗實錄》卷六十四，宣德五年三月丁卯（二十七日），12a（第1520頁）

行在工部奏：炒鐵囚徒一百十八人自陳役滿，初有令滿日就配所爲民，今願再役三年，還原籍。從之。

《明宣宗實錄》卷九十五，宣德七年九月甲申（二十九日），10b（第2162頁）

遵化衛指揮使陳亨奏：遵化炒鐵，雖撥本處工匠，皆不諳炒鐵。乞敕行在工部，於諸作查取舊諳鍊之人遣用工。從其言。

《明英宗實錄》卷一，宣德十年正月壬午（十日），6b（第12頁）

上即皇帝位，頒詔大赦天下，詔曰：【中略】一、各處開辦金銀、硃砂、銅鐵等課，悉皆停罷，將坑冶封閉。其已辦完見收在官者，金銀、硃砂就令差去人管領來京，銅鐵於所在官司寄庫。差去開辦內外官員人等即便赴京，不許託故稽留。若係洪武年間舊額歲辦課銀并差發金，不在此例。

《明英宗實錄》卷二十二，正統元年九月壬子（二十日），11b（第442頁）

鎮守薊州等處總兵官都督同知王彧奏：沿邊操備守關官軍缺少衣甲，請於遵化鐵廠給鐵，先補造五千八百四十二副。從之。

《明英宗實錄》卷二十四，正統元年十一月辛酉（三十日），9b，（第490頁）

復遵化縣舊鐵冶。冶自永樂間開設。上即位，詔書停罷。至是行在工部奏復之，仍添設主事一員提督。

《明英宗實錄》卷二十七，正統二年二月甲申（二十四日），9a（第547頁）

巡按陝西監察御史張政言邊務二事：【中略】邊衛兵器乏缺，近令陝西民間買辦物料付軍衛成造，緣人匠不敷，官吏苟且，是以有名無實。宜於遵化鐵冶轉運熟鐵一十萬斤，仍令陝西買辦餘料，會官成造，於該班匠役，選撥用工。仍令按察司官一員往來稽考，則兵器易就，民不重困。從之。

《明英宗實錄》卷四十六，正統三年九月癸巳（十二日），4b（第 892 頁）
行在工部奏：遵化鐵冶，先有軍民兼助煽煉，後因詔免。今造軍器，請如舊添撥，第民減其半，上命軍亦減半。

《明英宗實錄》卷一八七，景泰元年正月癸卯（二十七日），17b（第 3802 頁）
巡撫永平等處右僉都御史鄒來學奏：【中略】又言邊務方殷，鎧甲不足。乞於遵化鐵冶出鐵二十六萬斤，附近官庫出布五千匹，成造備用。從之。

《明憲宗實錄》卷二五二，成化二十年五月壬寅（十六日），6a–b（第 4267—4268 頁）
山東黃縣民李安逃居京師。大興縣陳留村村民田政等四人，各有子，年十許歲，皆倩安閹之以求進。其欲自求進者，安輒爲閹之。事覺，刑部論安等法皆當杖。因據近例，自閹者本身處死，全家充軍，以具獄上請。有旨：李安違例爲人净身，情實殘忍，重杖之百，發遼東鐵嶺衛充軍。田政等四人減死，發遵化廠炒鐵三年。其子俱發本縣，嚴督户長收管。

《明憲宗實錄》卷二八五，成化二十二年十二月甲申（十三日），2b–3a（第 4820—4821 頁）
內官熊保奉命往河南，以鴻臚寺帶俸右寺丞黃鉞等二十人自隨。道出興濟縣，怒挽船夫不足，杖皂隸，一人致死。【中略】刑部論保罪絞，鉞徒，餘悉坐罪有差。上曰：熊保擅作威福，沿途貪暴，致死人命，不畏法度，免運炭，發南海子充净軍種菜。黃鉞等五人，撥置害人，罪惡尤甚，俱押發遼東鐵嶺衛充軍。其餘俱杖八十，發遵化廠炒鐵。是時中官打死人者多不償命，後遂以爲常。雖有言者，卒不聽云。

《明孝宗實錄》卷一〇六，弘治八年十一月乙酉（六日），5b（第 1936 頁）
户部會各部、都察院議處明年漕運并各處合行事宜【中略】竊盜并强竊窩主，不分軍民餘舍人等，罪至徒者，請悉發遵化鐵冶，依徒限炒鐵。

《明孝宗實錄》卷一一六，弘治九年八月己亥（二十五日），4b（第 2102 頁）

管理遵化鐵冶工部主事王鉉奏：炒鐵囚犯皆罪不至死，而經遞官司，防夫人等多方凌虐，逼取財物，率至喪生。請嚴加禁止。其貧乏無依者多斃於凍餒，請月給口糧三斗。工部覆奏。上曰：囚犯罪不至死，而防夫人等乃以求索故斃之，甚非朝廷好生之意，其依擬行之。

《明孝宗實錄》卷一五五，弘治十二年十月丙辰（三十日），15b（第 2788 頁）

戶部會議巡撫等官所陳事宜：【中略】薊州遵化鐵廠歲運京鐵，請止令有司自運，工部不必差官，以免勒取車腳之費。

《明孝宗實錄》卷一六七，弘治十三年十月戊申（二十七日），8a–b（第 3043—3044 頁）

戶部會議巡撫都御史及漕運官所奏事宜：【中略】免重役。順天、永平二府所屬州縣，額僉遵化鐵廠人夫，官給口糧，復改令辦納柴炭，旋增至人給銀十二兩，官民兩病。巡撫官請免派人丁，止計夫數，人給均徭銀十兩，差官解廠買納。議以為不必更張。【中略】上曰：處料價、免重役，俱准如原奏行處置。

《明武宗實錄》卷二十三，正德二年二月乙酉（十一日），3a，4b（第 637 頁，第 640 頁）

吏部奉旨查議天順以後添設內外大小官共一百二十九員。其間地要政繁、不可裁革者七十員，兩京二十六員【中略】虞衡司管盔甲廠，及遵化鐵冶郎中，共二員【中略】提督四夷館少卿并宣府、大同、遼東、永平管糧郎中四員，固原、松潘兵備副使二員仍舊憲。瓊召還。其餘俱裁革別用。

《明武宗實錄》卷二十三，正德二年二月辛丑（二十七日），9a–b（第 649—650 頁）

工部奏：近奉命裁本衙門官一十六員，內督理遵化鐵冶及盔甲廠各郎中，管慶豐等處河閘及管修京倉兼京城街道、神木五廠各員外郎，管器皿廠及管修通州倉兼理磚廠各主事共六員，皆政繁責重，請仍舊存留。許之。

《明武宗實錄》卷五十八，正德四年十二月壬辰（五日），1b（第 1282 頁）

工部員外郎王軫查盤遵化鐵冶廠歲辦鐵料、夫匠、柴炭，以虧損之數，請治先任郎中鮑瑾、滕進、周郁之罪。又言鐵料已足用，乞減其入納之數。其納柴炭，有勢要豪猾包攬者，比打攬倉場法治其罪。詔俱從之，且令今後工部管廠官交代之日，必查覈明白，方許離任。罰瑾、進米各五百石，郁三百石，輸居庸關。

《明武宗實錄》卷八十，正德六年十月辛丑（二十四日），6a（第1743頁）

辛丑，户部會議總督漕運及各巡撫都御史所奏事宜：【中略】四川銀課、遵化鐵課俱宜量減。議入得旨：分理河道重臣其再議以聞，進鮮馬快等船令内外守備官驗物撥船，務從省約。餘皆如議。

《明武宗實錄》卷一〇六，正德八年十一月己丑（二十五日），8a-b（第2181—2182頁）

工科左給事中王鑾奏稱：遵化鐵冶，近來採辦匱乏，人多逃竄，蝗旱相繼，十室九空。乞以本部收貯并在廠存積鐵料，逐一查盤，通計可供幾年之用。如先年暫停事例，少寬民力，待缺用復設。及廠中宿弊，亦乞申禁。工部覆議：在部收貯并在廠各色生、熟、鋼鐵等料，共一千二十七萬六千餘斤，約足數年支用。但今内外衙門成造盔甲軍器，鑄造鍋口鐵爐，并諸類修造工程，緩急不常，多寡不一，難以預計。宜自正德九年爲始，至十三年止，生鐵暫免炒煉，其熟、網[一]等鐵，及軍民夫數，俱以三分爲率，減二存一，在廠從輕辦料炒煉。待五年以後，每年仍帶炒生鐵一分。至山林長茂、民力寬裕之日，再行議處。其廠中姦弊，亦聽各官竞自查究，申明禁約，庶歲用不致缺乏，軍民亦少蘇矣。得旨，俱依擬行。

《明穆宗實錄》卷五十四，隆慶五年二月甲辰（十二日），9b（第1346頁）

時薊州遵化縣雜造局炒鐵囚徒，在廠者百六十餘人，既耗囚糧而瘦死相望，守者亦苦之。工部欲如正德間例，歲以百人爲率，滿則暫止配發。刑部言：在京贖例，以工役爲至輕，以炒鐵爲至重。今以百名爲率，則外此雖情重者無所懲矣。按律有做工、擺站、瞭哨，發充儀從、煎鹽、炒鐵各條例。自今請斟酌併行，情輕者仍擬工役，情重者自炒鐵百名之外，屬軍衛則發沿邊墩臺瞭哨，屬有司則發衝要驛遞擺站，庶法令不至輕縱，而奸惡知警。詔從其議。

《明神宗實錄》卷十六，萬曆元年八月乙卯（八日），4b-5a（第478—479頁）

兵部覆閱視侍郎汪道昆條陳邊務一十五事：【中略】杜影射。遵化鐵廠多股實丁壯影射其中，宜行清查。每三丁抽一軍入邊操，其二即任幫貼。詔依議着實行。

〔一〕網，當作“鋼”。

《明神宗實錄》卷四十五，萬曆三年十二月癸未（十九日），8b（1016頁）

刑部侍郎王宗沐言：徒罪本輕於戍，而今戍者尚得生，而徒者遠離鄉里，發驛擺站，官卒凌虐，往往致死。奉旨議妥。刑部覆議：徒在京五年以上，發遵化鐵冶，餘發工部各局做工；在外三年以上，發本州縣修城營建；一年半以下，發夫役迎送；軍竈徒犯發本處煎鹽瞭哨。從之。

《明神宗實錄》卷一〇八，萬曆九年正月辛未（六日），2a-b（第2077—2078頁）

吏部查議裁革在京各衙門官：【中略】虞衡司管遵化鐵冶郎中一員【中略】上曰："各官既已裁革，又令照舊管事，殊非政體，姑著在任候裁。以後有缺，每三員以二員儘候裁填補，務在一年之内，盡数補完，以稱朕省官責實之意。"餘依擬。

《明神宗實錄》卷一一〇，萬曆九年三月甲戌（十一日），3a（第2109頁）

薊遼督撫梁夢龍等題稱：遵化鐵冶廠，每年額辦課鐵二十萬八千斤，計價不過二千七百餘兩，而專設官吏、軍役等費逾萬金。宜盡行裁革，將額徵銀兩解部買鐵支用。其柴薪、車輛等項銀悉免僉派，以蘇民困。部覆從之。

《明神宗實錄》卷一九二，萬曆十五年十一月丙戌（一日），1b（第3608頁）

以災傷，詔順天府三河縣應解工部木柴料價協濟軍器等銀，共七百三十三兩七錢八分，緩徵一年；灤州一州，盧龍、遷安、樂亭三縣應解工部料價挑河夫銀，鐵冶民夫軍器等銀，三年帶徵。

《明熹宗實錄》卷三十，天啓三年正月乙卯（二十四日），20a（第1533頁）

順天巡撫岳和聲條安攘七事：一曰專冶局。灤州所轄偏山鉛礦堪以採鍊。查遵化舊亦有鐵礦，後竟封閉。宜各設一廠採鑄，以佐軍需。【中略】上以所奏關繫邊計，著即行議覆。

正德《大明會典》[一]

見今各處歲辦鐵課

福建布政司，共二十八萬四千六百三十斤。

浙江布政司，七萬四千五百八十三斤。

〔一〕李東陽等《大明會典》卷一五七，6b–7b，東京大學附屬圖書館藏明刊本，東京：汲古書院影印，1989年，第346頁。

廣東潮州府程鄉縣，七萬斤。

遵化鐵冶：班匠工程，燒炭人匠七十一戶，該木炭一十四萬三千七十斤。淘沙人匠六十三戶，該鐵沙四百四十七石三斗。鑄鐵等匠六十戶。附近州縣人夫六百八十三名。每年十月上工，至次年四月放工。每年該運京鐵三十萬斤。遵化三衛、一所、一縣，十萬斤。薊州三衛、一州，七萬斤。三河二衛、二縣，六萬斤。通州四衛、一州，七萬斤。

事例

洪武初，置湖廣鐵冶。

七年，置江西南昌府進賢冶，臨江府新喻冶，袁州府分宜冶，湖廣興國冶，蘄州黃梅冶，山東濟南府萊蕪冶，廣東廣州府陽山冶，陝西鞏昌冶，山西平陽府吉州富國、豐國二冶，太原府大通冶，潞州潤國冶，澤州益國冶。各大使一員，副使一員。

十八年，罷各布政司鐵冶。

二十七年，復置山西平陽府吉州富國、豐國二冶。

又復置江西袁州府分宜冶。

二十八年，罷各布政司官冶。令民得採煉出賣。每歲輸課，三十分取二。

永樂二十年，設四川龍州鐵冶。

成化十九年，令遵化鐵廠歲運京鐵，每車一輛，裝鐵不得過一千七百斤，車價不得過三兩五錢。俱候農隙之時，領運交納。

萬曆《大明會典》[一]

各處鐵冶

國初置各處鐵冶，每冶各大使一員、副使一員。

【中略】

順天府遵化鐵冶 永樂間初置廠於沙坡峪，後移置杜棚峪，宣德十年罷。正統三年復置於白冶莊，萬曆八年罷。

【中略】

見今歲課

【中略】

遵化鐵冶事例 鐵冶廠近革，姑存事例，[以]備查考。

本廠建置。永樂間置於沙坡峪，領以遵化諸衛指揮。後移松棚峪，始設工部主事。正統三年移白冶莊。弘治十年改郎中，三年一更。正德元年請勅撥給令史一名。嘉靖

〔一〕申時行等《大明會典》卷一九四，16a，17a，18b—22a，《續修四庫全書》史部第792册影印萬曆刻本，第338—341頁。

三十六年題給關防。每年管督工匠，夏月採石，秋月淘沙，冬月開爐，春盡爐止，鐵完解部。本廠收支一應錢糧，按月造冊呈報，每年終將支剩銀兩解部。萬曆九年，題准將山場封閉，裁革郎中及雜造局官吏。額設民夫匠價、地租銀，徵收解部，買鐵支用。

　　本廠夫匠。永樂間起，薊州、遵化等州縣，民夫一千三百六十六名，匠二百名。遵化等六衛，軍夫九百二十四名，匠七十名。採辦柴炭，煉生熟鐵，一年一運至京。正統三年，凡燒炭人匠七十一戶，該木炭一十四萬三千七十斤。淘沙人匠六十三戶，該鐵沙四百四十七石三斗。鑄鐵等匠六十戶。附近州縣民夫六百八十三名。軍夫四百六十二名。每年十月上工，至次年四月放工。凡民夫民匠，月支口糧三斗，放工住支。軍夫、軍匠，月糧六斗，行糧三斗，俱歲辦柴炭鐵沙。看廠軍月糧同，行糧減半。各軍俱給冬夏衣布二疋、綿花二斤八兩。幫貼餘丁，不支糧，該衛免其差役，歲辦半於正軍。此外又有順天、永平輪班人匠，原額六百三十名，歲分爲四班，按季辦柴炭鐵沙。又有法司送到炒煉囚人，每名日給粟米一升。弘治十三年奏准，本廠民夫每名每年給均徭銀十二兩，買辦柴炭，其口糧罷支。十六年議減軍夫、民匠十分之四。十八年又減軍夫之半，民夫十分之四。正德五年又減軍民夫三分之二。七年減本廠存留軍民所納柴炭之半。嘉靖七年，計本廠實在軍夫四百二十五名，匠六十七名，民夫四百一十名，匠二百一名，輪班匠四百一十名。四十五年，議定軍夫、軍匠有力者一丁獨辦，無力者二三丁朋合。又議定囚人每年仍以百名爲率，不得過多。萬曆元年，議定軍夫每名幫貼餘丁二名，軍匠三丁朋作，二丁幫貼。今額徵順、永二府民夫銀三千八百九十五兩，班匠銀二百九十二兩零五分。

　　本廠鐵課。成化十九年，令歲運京鐵三十萬斤。遵化、薊州、三河、通州等衛所州縣出夫車。遵化三衛一所一縣，運十萬斤。薊州三衛一州，七萬斤。三河二衛一縣，六萬斤。通州四衛一州，七萬斤。共用車一百七十六輛五分。每輛裝鐵不得過一千七百斤。運價不得過三兩五錢。候農隙領運。正德四年，開大鑑爐十座，共煉生鐵四十八萬六千斤。白作爐二十座，煉熟鐵二十萬八千斤，鋼鐵一萬二千斤。六年開大鑑爐五座，白作爐八座，煉生、熟、銅〔一〕鐵如前。八年令生鐵免炒。嘉靖八年以後，每歲大鑑爐三座，煉生板鐵十八萬八千八百斤，生碎鐵六萬四千斤。發白作爐，煉熟掛鐵二十萬八千斤，解京。鋼鐵停止。計熟鐵每掛四塊，重二十斤，共一萬四百掛。分派軍衛有司，起大車一百零四輛，每輛裝鐵二千斤，各委官陸續領運。

　　本廠山場。薊州遵化、豐潤、玉田、灤州、遷安，舊額共四千五百六十一畝九分六

〔一〕銅，當作“鋼”。

鏊，採柴燒炭。〔一〕成化間，聽軍民人等，開種納稅，肥地每畝納炭二十斤，瘠地半之。嘉靖五年議准，肥地每畝徵銀五分，准炭十五斤，瘠地半之。共該銀七百四十四兩七錢七釐六毫。八年議令各該州縣，徵解本廠，每銀十兩，召買炭三千斤。九年題減肥地止徵四分，瘠者半之。四十五年題准，聽民開墾，永爲世業。地稍平者，每十畝坐肥地一畝。稍偏者，每十畝坐瘠地一畝。今額徵銀七百八十一兩三分一釐三毫。

嘉靖《薊州志》〔二〕

工部分司。在縣東六十里鐵廠中。永樂間，俱以各衛指揮領其事。宣德末，始委虞衡司官董之。分司。正統九年，主事張孚建。成化間，主事馬祥鼎新焉。正廳 三間。中外門 各三間。左司房 三間。譙樓 三間。右雜器庫、鐵庫 計二十四間。米庫 一間。吏舍 四間。雜造局 六間。爐冶所、鐵砂場。獄 二十六間。爐房 九間。公廨過廳 一間。寢室 五間。四顧樓、柴炭場、萃景樓、翫翠齋 各三間。滌煩樓亭 一間。廂房 四間。

一、歲辦生、熟、鋼鐵。共七十萬六千斤。生鐵四十八萬六千斤。用大爐十座。熟鐵二十萬八千斤。鋼鐵一萬二千斤。共用白作爐二十座。

一、原額民夫。薊州 二十七名。遵化縣 二十二名八分。豐潤縣 □十六名六分。灤州 一百五十九名六分。遷安縣 五十名二分。昌黎縣 六十五名一分。樂亭縣 六十四名三分。

一、原額軍夫。遵化衛 六十三名。忠義中衛 九十七名。東勝右衛 一百三十三名。興州前屯衛 六十名。興州左屯衛 二十六名。興州右屯衛 四十六名。

【以上卷二公署，22b-23a】

工部分司題名〔三〕

周福 陝西人。張孚 見傳。趙恕 順德府內丘縣人。閻蕭 湖廣長沙府人。胡純 山西人。李尚 見傳。夏澄 浙江天台縣人。趙繕 山東臨清州人。張壽 蘇州府長洲縣人。劉濂 山東臨清州人。滑浩 浙江餘姚縣人。馬祥 陝西西安府人。王鉉 北京大寧中衛人。李珵 無錫縣人。徐江 大興縣人，進士。鮑瑾 山東壽光縣人。周郁 興武衛人。滕進 河南汝州人。李銳 見傳。葉信 浙江上虞縣人。高奎 河南鄭縣人。傅浚 福建南安縣人。徐麟 錦衣衛人。韓希愈 山東濟寧州人，舉人。徐冕 浙江山陰縣人，進士。張佩 見傳。丁貴 山東濱州

〔一〕按，四千五百餘畝，數值與《鐵冶志·地畝》一致，原指山場周邊已開墾區域，并非山場全境，即《鐵冶志·山場》所謂"四隅有開墾者，酌令納炭以供大爐，謂之地畝炭"。

〔二〕熊相纂修《薊州志》卷二公署，22b-23a；卷六歷任，86b-87a；卷七名宦，104b-105a，嘉靖三年序刊本，中國國家圖書館編《原國立北平圖書館甲庫善本叢書》第288冊影印，北京：國家圖書館出版社，2013年，第21—22頁，第54—55頁，第64頁。按，嘉靖《薊州志》十八卷，目前僅知兩部存世。原國立北平圖書館藏本（今在臺北故宮博物院）存卷一至卷十四。天一閣藏本存卷一至卷四。

〔三〕按，對比傅浚《鐵冶志·督理》工部分司名單，嘉靖《薊州志》於張壽、劉濂之間，缺蕭鼎、塗淮、勒璽、陳勉、馬鉉、王均美、李韶、郭經、吳郁，凡九人；滕進、李銳之間，缺王軏一人。徐麟之後，增韓希愈、徐冕、張佩、丁貴、詹珪，凡五人。

人。詹珪 江西浮梁縣人，俱進士。

【以上卷六歷任，86b–87a】

名宦 工部鐵廠郎中。

張孚 山東東平州人。正統間以主事監督鐵廠。才力卓然，廢墜修舉。廠治、公署皆其所建。至今人稱之。

李尚 浙江慈溪縣人。由進士景泰間授主事監督鐵廠。素心清簡，政尚威嚴。後陞瑞州知府，善政善教，備載本志。

李銳 字抑之，江西安福縣人，進士。弘治間任。持身清慎，執法無私，廠中利害，興革殆盡。歷官鹽運使。

張佩 字仁佩，江西新淦縣人，舉人。正德間任。居官廉介，亦工吟詠，奸猾斂迹，士民慕之。

【以上卷七名宦，104b–105a】

萬曆《遵化縣志》[一]

鐵冶廠。在邑治東南六十里。元時置冶砂坡峪，國初因之。宣德間移松棚谷。正統三年廠於此，城小而堅。萬曆辛巳年革。

遵化縣鐵廠志[二] 【邵寶】

工部分司。在縣東六十里鐵廠中。永樂間，俱以各衛指揮領其事。宣德末，始委虞衡司官董之。

分司。正統九年，主事張孚建。成化間，主事馬祥鼎新焉。正廳三間。中外門各三間。左司房三間。譙樓三間。右雜器庫、鐵庫計二十四間。米庫一間。吏舍四間。雜造局六間。爐冶所。鐵砂場。獄二十六間。爐房九間。公廨過廳一間。寢室五間。四顧樓、柴炭場、萃景樓、瓠翠齋，各三間。滌煩樓亭一間。廂房四間。戶所廳各三間，在儀門外。軍器局三間在廳北，倉房五間在廳西北。缺

〔一〕張杰纂修《遵化縣志》卷三，3a，中國國家圖書館藏康熙六年序刻本。按，萬曆四十六年（1618），遵化知縣張杰初創縣志，今已失傳。康熙六年（1667），周體觀重刊萬曆志，稍作增損，未加續修。卷內仍書明朝爲"國朝"并推行。康熙重刊本萬曆志十卷爲現存最早的《遵化縣志》。

〔二〕黃訓編《皇明名臣經濟録》卷五十二，1a–b，中國國家圖書館藏嘉靖三十年刻本。按，邵寶（1460—1527），字國賢，號泉齋，南直無錫人。成化二十年（1484）進士，歷官至戶部侍郎、南京禮部尚書，未曾在工部任職。《遵化縣鐵廠志》殘稿與嘉靖《薊州志》工部分司條同源，或出自更早的地方志書。又按，陳九德輯《皇明名臣經濟録》卷十八《遵化鐵廠志略》，無署名，全文三十六字："工部分司。在縣東六十里鐵廠中。永樂間，俱以各衛指揮領其事。宣德末，始委虞衡司官董之。"參見陳九德輯《皇明名臣經濟録》卷十八，35a，《四庫禁燬書叢刊》史部第9冊影印嘉靖二十八年刻本，第341頁。

遵化廠夫料奏[一] 【韓大章】

一、卷查得本廠原額民夫一千三百六十五名。正統三年，本部奏准減半六百八十三名，每名每年十月初到廠辦料，次年三月終放回農種。弘治十三年，都御史洪鍾奏，將口粮革去。行僉大戶，總領在官。均徭銀內，每名一十二兩，每年十月赴廠買辦。後大戶累次告擾，復於弘治十六年照舊。僉解人夫，每名各領前銀。亦於每年十月委官解廠，自行買納。弘治十七年，本部題准，准以十分爲率，減免四分，止僉四百十名，照前買納。因是冬寒價貴，前銀買辦不敷，各夫又自賠銀買補。

臣思前項民夫，既妨本身生業，又自賠納，銀兩羈延，往來勞費。況各該地方頻年水旱相仍，人民疲憊已極。揆之情理，誠可憐憫。查得本廠收積鐵料，見殼三年之用。合無自正德二年以後，仍照減免四分則例，再減三年。每年預於四月間，趁時柴炭多賤，照前領價解廠，聽其自便，依數買納。不許攬頭及本廠軍民人匠用强兜攬，高擡時值，揭勒加倍。違者許本廠郎中訪察得實，照例問發。三年以後，如果鐵料不敷，再照原數僉派，上下稱便，而民困少蘇矣。

一、卷查本廠遵化等六衛軍人原額九百二十七名。正德三年間，本部奏准減半四百六十五名。內著四十名，每名月支口粮一斗五升，月粮六斗，歲支冬夏衣布二疋，綿花二斤八兩，見在本廠把門看庫，巡夜直更，貼幫防守囚犯，及修理庫房牆垣等項。外四百二十五名，月支口粮三斗，月粮六斗，歲支冬夏衣布二疋，花[二]二斤八兩。先年每口每年辦炭三千斤，鐵砂六石三斗，撦轄六十口，運石一車。天順等年以來，山場光潔，軍多貧竄，前項軍人，各衛每名與貼正軍一名。弘治五年，都御史唐珣奏，將貼工正軍挈回別差，另撥餘丁四名朋當。弘治八年，本部題准，前項軍餘，遇有事故等項，行衛照名撥補，不許擅加更動，科派銀兩等項事情。弘治十七年，又該本部題准，以十分爲率，減免四分，以寬其力。後因軍匠係是造冊食粮，已定人數，又經議擬減其工力四分，得以休息，即減人數相同。今照本廠收積鐵料見殼三年支用，況地方差役繁難，衛所征料負累。若不亦照人夫事例，從宜更改。則減免均徭，概益於兩府之州縣，休息工力，惟利於鐵廠之軍餘。人心爲之不平，公論難於允愜。合無通將看廠辦料軍人四百六十五名，自正德二年爲始，以十名爲率，亦減四名，發回原衛。但各軍係是造冊食粮，已定人數，退出該衛，必更別差，以後再欲取回，未免事涉紛擾。合將正軍不動，每軍一名，止貼餘丁二名，餘皆退發原衛。所辦納工料，亦依人數減免。每一軍二

〔一〕萬表輯《皇明經濟文錄》卷十六，16a—22b，《四庫禁燬書叢刊》集部第 19 冊影印嘉靖三十三年（1554）序刻
　　本，第 33—36 頁。按，本篇又收入陳子龍等輯《皇明經世文編》補遺卷二，崇禎間雲間平露堂刻本。按，韓
　　大章，浙江會稽人，弘治六年進士，正德元年已爲工部郎中。《遵化廠夫料奏》似就數篇奏疏摘錄，上疏時間
　　當在正德元年至三年（1506—1508）。
〔二〕花，當作“綿花”。

餘，每年止辦炭一千八百斤、鐵沙三石八斗、撍輴三十六日、運石半車。其存留貼軍餘丁，聽從本廠郎中揀選年力精壯，堪以工作之人，各衛不許侵奪紊亂。三年以後相同，其餘丁合無亦照前例退減。

一、卷查本廠順天、永平二府州縣炒煉熟鐵民匠，正統三年原額二百二十名，除戶絕等項外，見在止有一百九十二名。每名月支口粮三斗，每年十月初起，次年三月終止，俱在本廠炒煉鐵料，餘月放回農種，口粮就開。即今有題准減免四分則例，見在本廠上工，合無自正德三年以後，照舊上工。

一、卷查本廠順天、永平二府輪班人匠，正統、景泰等年以後，本部奏撥六百三十名在廠上工，除戶絕等項外，見在止有五百五十二名。四年一班，每年一百三十名。先年每名該季納炭一千斤，時值二兩。鐵砂三石，值銀一兩二錢。上納本廠炒煉鐵料。因思本部各處輪班人匠，曾經題准，聽其自便。納價者每季納銀一兩八錢，當班者仍將退出餘丁送廠，照舊辦料作工，亦不許托詞占悋，致誤國課。再照弘治十七年十八年、正德元年三等年〔一〕，曾題准減免四分，又經議擬止減工力，軍餘固得偷安，衛所實無寸補。合無今軍除春季該出工料，依舊辦納外，四月以後，就將各軍餘退出二名回衛，應辦料差，庶衛所得人而軍民普沾其惠矣。

一、卷查本廠隆慶等衛所炒煉生鐵軍匠，正統三年原額八十四名，除戶絕等項外，見止有六十七名。每名歲支行粮石八斗、冬衣布二疋、花二斤八兩。內隆慶等衛三十五名，各名幫貼餘丁不等，有一二丁者，有三四丁者，有全無丁者。遵化衛三十二名，每名幫貼餘丁四名。俱照本部題准減免四分則例，見在本廠上工炒煉鐵料。因思前項軍人與前遵化等衛軍人事體，發各衙門上工，鐵廠輪班人匠，亦與各處相同，辦納料價，較比加倍。合無今後前項人匠，行令各該州縣照依各處事例，聽其自便。願納價者每季納銀一兩八錢，就於本州縣收貯，差人連本匠勘合，通行解廠，批工銷照。其價聽本廠買辦前料炒煉，季終將解過匠價并買過物料數目呈部查考。願上工者，聽其上工。

一、本廠書辦、庫秤、門子、催工、巡山、管匠、總甲，各衛造冊寫字并大小爐作頭共有三十五名，俱在本廠軍民匠內摘充。但各人既開行月米、冬衣、布花，幫貼餘丁較之辦料做工，未免彼勞此逸。合無今後做辦工料軍人止定七名，各衛寫字攢造食粮文冊止定三名，作頭止定三名，通該一十三名，仍俱逓年更換。其餘各項盡數退出，照依各軍辦料作工。不許營充前役，意圖輕省，久占作弊。出入衙門，發其本廠。書辦照依易州廠事例，行移吏部選撥。本部令史一名，役滿更換。門子，遵化縣與相應人戶，僉撥二名。庫秤，僉撥四名，一年更換。則軍民人匠輪力惟均，而本廠役用亦不乏矣。

一、盤過本廠收積生鐵，除碎鐵不算外，見在生板鐵二百三十二萬四千二百斤、熟

〔一〕三等年，或衍"三"字，或當作"三年等"。

鐵七十五萬六百六十斤、銅[一]鐵二十二萬六千五百斤、鬆鐵二十一萬一千七百一十六斤。每年本部額運生、熟、銅[二]鐵五十七萬九千七百斤，大約見敷三年支用。若不從宜節省，仍舊原額炒煉，則柴炭價高，軍力勞竭，月增歲益，必難支持。合無除弘治十七等三年減免四分外，自正德二年以後，不拘常額，量設爐座。每年止儘軍民夫匠辦納柴炭多寡，計算炒煉鐵料。不許將柴炭浪費，以致軍民加陪。違者許令本廠郎中參究治罪。仍將收過柴炭若干，炒煉出鐵料若干，按月開報本部，以憑查考。以後鐵料缺少，另行議處。如此則鐵料不致缺乏，而軍亦得聊生矣。

一、遵化鐵廠，訪係永樂年間，在於地方砂坡谷開設，後遷地方松棚谷，正統年開遷今地方白冶庄。彼時林木茂盛，柴炭易辦。經今建置一百餘年，山場樹木，砍伐盡絕，以致今柴炭價貴。若不設法禁約，十餘年後，價增數倍，軍民愈困，鐵課愈虧。合無行令本廠郎中，出給榜文，嚴加禁約。着落各該衛所州縣巡捕官員，曉諭地方軍民人等，不許在於應禁山場，擅自樵採，開墾耕種，燒窰燒灰。違者許本廠郎中捉拿，照例問發。每月各該巡捕官員，仍具不致扶同容隱狀，申繳本廠郎中知會。則人知警懼，木漸滋生，而日後之用可供矣。

一、每年解運鐵料，本部差委武功等三衛千百戶等官領運，自鐵冶起，直抵京城。止是沿途軍衛有司，起車二百八十餘輛。每輛用車腳價銀三兩五錢，共銀九百餘兩。訪得各衛委官，多方作弊，將鐵開領出廠，或就併車裝運，或將低鐵抵換，遺棄路道者有之。經年累歲，運送不完，腳價任其侵欺，歲月任其延捱。部中廠中，兩無稽考。合無今後運鐵，前項軍職不必委差，就於本部合屬官內選差一員。管廠郎中行取車輛，出給批文，定限解部，收取批廻。庶使解運不致遲延，而鐵料亦無疎虞矣。

一、卷查本廠遵化縣雜造局鐵匠，永樂年間原額七十二名，除戶絕等項外，見在止有三十七名，俱在本廠看守炒鐵囚犯，應合照舊。

一、法司問結囚犯，解到本廠炒鐵，是遵化縣雜造局官吏監督炒煉。先年題准每名日支粟米一升食用，每月俱在薊州各倉造冊開支。又於附近州縣，撥到醫生三名，遇有囚犯疾病，合藥調治。良法美意，最為切當。其粮米應合照舊，但所用藥餌，因無官錢，莫由措辦。虛應故事，有負朝廷矜恤之意。合無今後每年，將本廠輪班匠價，量支買辦藥餌收貯，如遇囚犯疾病，該局官吏即令醫療，毋致失所。仍行沿途遞運所衙門，如遇囚犯發到，不拘多寡，即時起解，毋得稽留，及禁約防夫人等，不許輒加捶楚，奪取衣粮。違者許本廠郎中挨究重治。

一、本部管廠郎中，雖奉有勅，在彼提督，但於各該軍衛有司官吏賢否，無考察之

〔一〕銅，當作"鋼"。

〔二〕銅，當作"鋼"。

權，軍民詞訟，無受理之例，以致人多怠玩，事不奉行。合無今後各軍衛有司，但遇事關本廠，聽從郎中處治。敢有輕視違抗者，許本廠郎中，照依欽奉勑諭事理，應拿問者拿問，應參奏者參奏。如此則人知遵守，而事體歸一矣。

壽虞部鑑江唐公序 [一]

【戚繼光】

公少而奇，雖治博士家語，輒嫻辭令，蔚然以古文起家。計偕上國，國相大器之。試爲中書舍人，綸綍之音，多所屬草。視漢之直宿建禮、奏事明光者，其寵重無二。比對公車，爲行人，使四方，辭令日益較著。而改虞部郎，且巡鐵冶之禁令，豈非漢文學賢良所願請罷者乎？以而屬公，蓋亡當矣。

有客以請，公敬對曰：不然，漢郡國有鐵官，諸所願罷者，以其爲民疾苦，而與天下爭利也。苟恤若疾苦，則民無害。其爲利，固國家大業，所以制四夷。安邊足用之本，是在行者何如焉耳。如冶之所出，刀以解牛，或折庖丁，而有餘地；斤以滅垔，必傷郢人，而能成風，豈非用之固殊哉？矧今鐵官雖沿於漢，郡國擇而置之，壹切軍需倚辦，未嘗籠其利，而效桑、孔之所筦榷也。

薊之爲冶，取諸境內，在遵化南六十里許，不待荆山之產、梁州之貢，而堅甲利兵，恒給於斯焉。日者，邊鄙不聳，氓隸樂業，地不愛寶，人胥用命。認敢黽勉告勞而不佐國家之緩急乎？惟日兢兢厥職，率白徒之卒，庇護之甚周，善於鼓舞，罔有訾窳。

曩之爲冶者，盈縮無已時，至三所辦之亦詘。公徵其故，預一而取贏焉。塞下吏士，本非孝子順孫。冶人尤恣睢，孰不鄙夷之。乃日進諸生，論理道，引繩墨，戶説以眇論，謠俗爲之丕變。故閭閻無疾苦之聲，文學賢良嘖嘖公之長於吏事，允爲國家利器。彼以嫻辭令爲亡當者，淺之乎其知公矣。

兹分初度，冶屬相率爲壽。余所部署甲兵之富，利賴於公，豈不弘多？且往公借喻壽余。余將壽公，問客何以？客請諭以劍披。干將莫邪，其夫妻善冶，當金鐵未流，斷髮剪指投之乃濡，而陽文陰縵以成，爰加淬屬。水斷蛟龍，陸剸犀革，忽若箑汜畫塗，固天下至寶也。自吳至晉數百歲，而變化於延津，後莫測其所終，非歐冶子之所傳者乎？

公之冶所，古有鐵潤當抵，因二女投爐而濡，固宜化爲至寶，惜無博物者過焉，後人且指爲誣。公力辯其孝，祀之以爲塞下吏士勸。有事於冶，必齋宿爐旁。若鼓以洪鈞，豐隆擊橐，飛廉扇炭，其爲干將莫耶也大矣。蓋公博物世所宗，且產於歐冶故區，

〔一〕戚繼光《止止堂集·橫槊稿中》，49b-51b，《四庫全書存目叢書》第 146 冊影印光緒十四年山東書局刻本，第 202—203 頁。

延津在其境内，過而達薊之冶，精誠之所物色，寧不與神爲符者哉。雖未嘗事行閒，實行閒之所藉重。如登城一麾，士卒迷惑而解圍；四方有兵，則騰空飛赴以克之。不必施於劃斷而後別其利也。斯其高陽之品、太阿之選者歟？公昔壽將軍以有水陸功，而公之居閩居薊，皆爲將軍重。古者以舞劍爲壽，敢請抵掌當之何如？

余初夏過於冶，接公欲甚驩，因游無終之洞，極其千嵓，公立石紀之。今客説劍，莫測其所終，則公之壽於斯乎符矣。敢不敬諾，而借客之説以往。雖辭令亡當，竊善其意，固奇也。

《湧幢小品·鐵爐》^{〔一〕} 【朱國禎】

遵化鐵爐，深一丈二尺，廣前二尺五寸，後二尺七寸，左右各一尺六寸，前闊數丈爲出鐵之所，俱石砌。以簡千石爲門，牛頭石爲心，黑沙爲本，石子爲佐，時時旋下。用炭火，置二鞴扇之，得鐵日可四次。妙在石子産于水門口，色間紅白，略似桃花，大者如斛，小者如拳，擣而碎之，以投於火，則化而爲水。石心若燥，沙不能下。以此救之，則其沙始銷成鐵。不然則心病而不銷也。如人心火大盛，用良劑救之，則脾胃和而飲食進。造化之妙如此。

鐵冶西去遵化縣可八十里，又二十里則邊牆矣。群山連亘不絶，古之松亭關也。生鐵之煉凡三時而成。熟鐵由生鐵五六煉而成。銅^{〔二〕}鐵由熟鐵九煉而成。其爐由微而盛，由盛而衰，最多至九十日則敗矣。爐有神，則元之爐長康侯也。康當爐四十日而無鐵，懼罪，欲自經。二女勸止之，因投爐而死。衆見其飛騰光燄中若有龍隨而起者，頃之鐵液成。元封其父爲崇寧侯，二女遂稱金火二仙姑，至今祀之。其地原有龍潛於爐下。故鐵不成，二女投下，龍驚而起，焚其尾，時有秃見焉。

鐵一名犁耳，蓋最堅且厚者。《晉書》稱秦行唐公洛曰力制奔牛、射洞犁耳。^{〔三〕}

《春明夢餘録·鐵廠》^{〔四〕} 【孫承澤】

工部奏疏：遵化鐵廠，訪係永樂年間在於砂坡谷開設，後遷松棚谷。正統間開遷今白冶莊。彼時林木茂盛，柴炭易辦。經今建置一百餘年，山場樹木砍伐盡絶，以致今柴

〔一〕朱國禎輯《湧幢小品》卷四，30b–31b，中國國家圖書館藏天啓二年刻本，索書號 18382。本卷目録作"鐵爐（三則）"。

〔二〕銅，當作"鋼"。

〔三〕按，《晉書》無此説。語出《資治通鑑》卷一百四晋紀二十六，前秦幽州刺史行唐公苻洛，"勇而多力，能坐制奔牛，射洞犁耳"。參見中華書局 1956 年版點校本，第 3292 頁。

〔四〕孫承澤《古香齋鑒賞袖珍春明夢餘録》卷四十六，57a–60a，中國國家圖書館藏乾隆間内府刻本，索書號 A02809。

炭價貴。若不設法禁約，十餘年後，價增數倍，軍民愈困，鐵課愈虧。合無行令本廠郎中，出給榜文，嚴加禁約，著落各該衛所州縣巡捕官員曉諭地方軍民人等，不許在於應禁山場擅自樵採，開墾耕種，燒窯燒灰。違者許本廠郎中捉拿，照例問發。

京東北遵化境有鐵爐，深一丈二尺，廣前二尺五寸，後二尺七寸，左右各一尺六寸。前闊數丈為出鐵之所，俱石砌。以簡干石為門，牛頭石為心，黑沙為本，石子為佐，時時旋下。用炭火，置二韝扇之，得鐵日可四次。石子產於水門口，色間紅白，略似桃花，大者如斛，小者如拳。擣而碎之，以投於火，則化而為水。石心若燥，沙不能下。以此救之，則其沙始銷成鐵。

鐵冶西去遵化縣可八十里，又二十里則邊牆矣。群山連亙不絕，古之松亭關也。生鐵之煉凡三時而成。熟鐵由生鐵五六煉而成。鋼鐵由熟鐵九煉而成。其爐由微而盛而衰，最多至九十日則敗矣。爐有神，則元之爐長康侯也。康當爐四十日而無鐵，懼罪欲自經。二女勸止之，因投爐而死。眾見其飛騰光焰中若有龍隨而起者，頃之鐵液成。元封其父為崇寧侯，二女遂稱金火二仙姑，至今祀之。其地原有龍潛於爐下，故鐵不成，二女投下，龍驚而起，焚其尾，時有禿龍見焉。

元人王惲議省罷鐵冶戶疏：竊見燕北燕南通設立鐵冶提舉司大小一十七處，約用煽煉人戶三萬有餘，週歲可煽課鐵約一千六百餘萬。自至元十三年復立運司以來，至今官為支用。本貨每歲約支三五百萬斤。況此時供給邊用，雖所費浩大，尚不能支。絕為各處本貨積垛數多，其窺利之人用官司氣力收買，其價不及一半。當時既是設立提舉司煽煉本貨，以備支用，除支外，止合存留積垛，以備緩急。今來却行盡數發賣。竊詳此事虧官損民，深為未便。

漢之濟邊，資於鹽鐵，歷代因之。至明西鐵不講矣，然國初時亦有故事可考。按洪武七年，命置鐵冶所官，凡一十三所。江西南昌府進賢冶，歲一百六十三萬斤。臨江府新喻冶，袁州府分宜冶，歲各八十一萬五千斤。湖廣興國冶，歲一百十四萬八千七百八十五斤。蘄州黃梅冶，歲一百二十八萬三千九百九十二斤。山東濟南府萊蕪冶，歲七十二萬斤。廣東廣州府陽山冶，歲七十萬斤。陝西鞏昌冶，歲一十七萬八千二百一十斤。山西平陽府富國、豐國二冶，歲各二十二萬一千斤。太原府大通冶，歲一十二萬斤。潞州潤國冶、澤州益國冶，歲各十萬斤。歲共為九百五萬二千九百八十七斤。此亦可助邊需一臂，棄置不講而日稅南畝何也。

正統初，嘗論工部軍器之鐵止取足於遵化，不必江南收買，後復命虞衡司官主之。則國初諸官冶雖廢，而遵化鐵礦尚足供工部之用也。遵化撫臣欲開鉛礦，竟阻於士紳而止。

磁州臨水鎮地產鐵。元時置鐵冶都提舉，總轄沙窩等八冶，歲收鐵百餘萬斤。洪武時廣平府吏王允道欲如元故事，役民萬五千家。太祖以其擾民，杖流之。蓋當時鐵冶十三處俱以徒罪人犯充炒鐵，不輕役民耳。永樂時尚酌定煎鹽炒鐵，分配遠近。後鐵廢，并煎鹽法亦不行矣。

附錄四　研究論文

從《鐵冶志》看明代遵化鐵廠及其鋼鐵技術[一]

（中國科學院自然科學史研究所，北京，100190）

摘要：傅浚《鐵冶志》（1514）記錄了明代遵化冶鐵廠冶鐵、煉鋼和經營等活動，是世界首部鋼鐵業專著。近年有學者在俄羅斯聖彼得堡大學發現《鐵冶志》康熙間抄本，係傳世孤本。本文將《鐵冶志》文本與田野考察、實驗室分析相結合，提出遵化鐵廠主要技術特徵有：使用水準截面爲長方形的豎爐，上承燕山地帶遼金時期豎爐冶鐵技術；使用反射爐脫碳，進一步發展了灌鋼技術，接近蘇鋼工藝。遵化鐵廠的鋼鐵技術及大規模冶金活動的管理和運營能力在 15—16 世紀全世界範圍內仍然保持領先。遵化鐵廠大量消耗木炭引發燃料危機，限制了鋼鐵技術和産量的進一步發展和提高。鋼鐵生産囿於傳統的知識體系、社會生産體系，未能形成突破性發展，帶動社會生産力全域進步。這是明清時期傳統技術發展狀況的一個縮影。

關鍵詞：《鐵冶志》，遵化鐵廠，冶鐵豎爐，生鐵，製鋼

前　言

遵化鐵廠是明代最大的官營鐵廠，由工部直接管理，爲生産軍需品提供鋼鐵原料。正德八至九年（1513—1514），傅浚以工部郎中督理遵化鐵廠，搜集遵化鐵廠的生産狀況和風土民俗等資料，纂成《鐵冶志》。古代冶鐵活動屢見於文獻記載，《鐵冶志》首次以專書的形式記錄冶鐵技術、鐵廠經營狀況，是世界範圍內第一部詳載冶鐵生産的專著，具有很高的歷史價值和科學價值。《鐵冶志》在 19 世紀以後不見中文文獻著録，近於失傳。冶金史研究者多年尋訪，未有所得，僅能利用《春明夢餘録》《湧幢小品》內推測出自《鐵冶志》的個別條目。幸而近年《鐵冶志》康熙間抄本在俄羅斯聖彼得堡國立大學東

〔一〕基金項目：中國科技傳統及其現實意義研究（項目編號 GHJ–ZLZX–2021–17–2）；中國科學院國際夥伴計畫"絲路文明與環境演化國際合作項目"（項目編號 131C11KYSB20190035）。本文曾發表於《自然科學史研究》2022 年第 2 期，現略有增訂。承蒙鄭誠博士相邀撰稿并潤色。

方系圖書館重現於世（圖1）[一]。關於《鐵冶志》的版本與流傳，詳見本書《整理説明》。

　　當代學者楊寬、韓汝玢等依據《春明夢餘録》《湧幢小品》的記載計算了遵化鐵廠爐體某些部位的尺寸，分析了鐵廠使用的助熔劑，及産鐵量的資料。[二]張崗結合《明會典》《明實録》等探討了鐵廠建置沿革、産量技術、經營管理及關閉原因等。[三]陳虹利依據實驗室分析，研究了鐵廠使用礦料、爐渣、助熔劑等；進而結合《春明夢餘録》《湧幢小品》《明實録》等文獻記載分析了遵化鐵冶的歷史、運營、鋼鐵技術，探討了與遵化鐵冶相關的明代鐵冶社會、經濟問題。[四]顔敏翔考察了新發現《鐵冶志》抄本的版本面貌、編纂過程、内容特色，抄本遞藏源流，并探討其史料價值。[五]

　　新發現的《鐵冶志》抄本信息量很大，特别是記載了大量遵化鐵廠冶鐵、製鋼技術細節，這些内容不見於其他傳世文獻，前人研究也未能探及。本文以《鐵冶志》文獻記載爲綫索，結合實地考察發現、其他研究者的已有成果，力求全面深入地揭示明代遵化鐵廠的冶鐵、煉鋼技術，以期填補當前對遵化鐵廠乃至16世紀前後中國北方鋼鐵技術研究的空白。

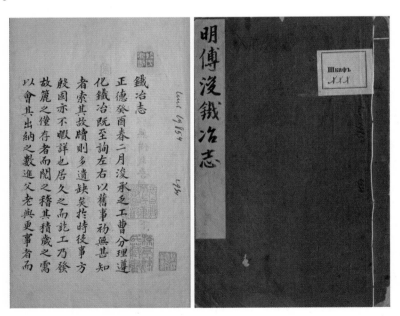

圖1　俄羅斯聖彼得堡國立大學東方系圖書館藏《鐵冶志》抄本封面及首頁

〔一〕傅浚《鐵冶志》二卷一册，俄羅斯聖彼得堡國立大學東方系圖書館藏康熙間抄本，索書號 Xyl. 1235。原書無頁碼。

〔二〕韓汝玢、柯俊《中國科學技術史·礦冶卷》，北京：科學出版社，2008年，第583—584頁。楊寬《中國古代冶鐵技術發展史》，上海：上海人民出版社，2004年，第185—186頁。

〔三〕張崗《明代遵化冶鐵廠的研究》，《河北學刊》1990年第5期，第75—80頁。

〔四〕陳虹利《明代遵化鐵冶研究》，北京：北京科技大學博士學位論文，2016年。

〔五〕顔敏翔《聖彼得堡國立大學藏〈鐵冶志〉抄本述略》，《自然科學史研究》2021年第2期，第184—193頁。關於俄藏《鐵冶志》來源，近有新發現，可更正前説，詳見《鐵冶志》整理説明。

一、遵化鐵廠選址與遺跡

戰國時期，古燕國已在燕山地帶冶煉生鐵。明代北部邊防一直爲朝廷所重視，維持軍事力量需要大量用鐵。遵化（今河北省遵化市）一帶擁有豐富的鐵礦資源，至遲中唐即有鐵冶。永樂元年（1403）已有“遵化炒鐵”的記載。冶鐵廠址原設在沙坡峪，宣德元年（1426）遷松棚峪（今松棚營），正統三年（1438）遷白冶莊（今鐵廠鎮鐵廠村）。作爲明代最大的官辦冶鐵廠，其運營至萬曆九年（1581）被裁撤。這三處鐵冶（圖2）統稱遵化鐵廠，除早期短暫關停，大約維持了170年。[一]

圖2　遵化鐵廠的三處廠址（及山場四至）[二]

2011年及2014年，筆者兩次參與考察遵化鐵廠遺址。[三]在沙坡峪（圖3）未能見到冶鐵遺址。松棚營尚存近年所立明代松棚營冶鐵廠遺址碑（圖4），調查組在此地發現多處疑似爐基的紅燒土遺跡，採集到一些爐壁掛渣和少量排出渣。

〔一〕張崗《明代遵化鐵冶廠的研究》，《河北學刊》1990年第5期，第75—80頁。

〔二〕按，虛綫爲山場範圍，星號爲鐵冶廠址。三處廠址皆用簡體字以合底圖。底圖爲萬曆十年（1582）政區圖，參見譚其驤《中國歷史地圖集》第七冊，北京：中國地圖出版社，1982年，第46頁。

〔三〕兩次調查均由北京科技大學科技史與文化遺產研究院組織開展。2011年5月第一次調查組成員爲李延祥、潛偉、黃興、王啟立。2014年3月第二次調查組成員爲潛偉、黃興、陳虹利、李潘。

圖3　沙坡峪村通向長城之外的道路及烽火臺（2014 年 3 月，黃興攝影）

圖4　明代松棚營冶鐵
廠遺碑（2014 年 3 月，
黃興攝影）

圖5　松棚營明代冶鐵廠爐址（2014 年 3 月，黃興攝影）

　　鐵廠村（鐵廠鎮中心村）位於遵化市區東南方向的丘陵地帶中，與市區直綫距離約
20 千米。四周群山環繞，一條小河由北向南從村中穿過，注入還鄉河。《鐵冶志》卷首
鐵廠周邊地圖（圖 6），可與當代地形圖（圖 7）對比，地物位置較爲明瞭。

　　鐵廠創設之初，附近山間林木資源非常豐富。其他古代冶鐵場的選址大都如此。如
今山下辟爲良田，山上林木很少。由於人口增加，新建很多房屋，明代城牆都已經拆
除，不見蹤影（圖 8）。調查發現，鐵廠村東北角一土崖邊沿有一處明代冶鐵場遺址
（N：40°09′00″，E：117°51′56″）。這裏有 1 號、2 號兩處冶鐵爐遺跡，一處木炭堆積。
遺址現場採集到生鐵、各種爐渣、木炭、陶碗底、瓷碗底等物品（圖 9）。採集的木炭

114

樣品經 C-14 測年及樹輪校正結果（表 1）[一] 顯示爲明代遺址。《鐵冶志・爐冶》記載 "大鑑爐在場治東北"。遺址點正位於《鐵冶志》鐵廠佈局圖（圖 10）內東北角 "大爐" 處，可確認此処即冶煉生鐵之所。

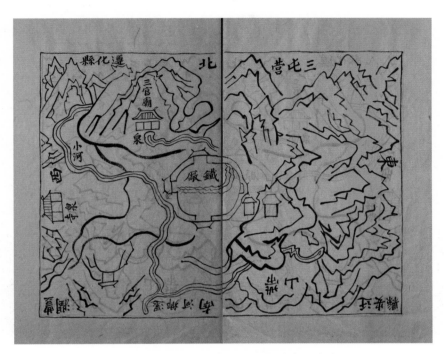

圖 6 《鐵冶志》卷首遵化白冶莊鐵廠周邊地圖

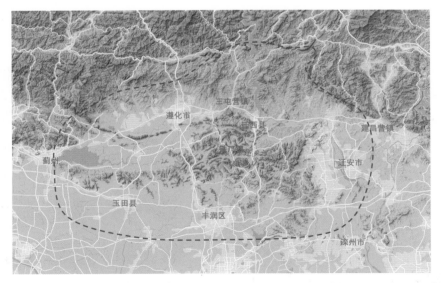

圖 7 遵化市鐵廠鎮及周邊地形（底圖來源 Google Earth，2020 年數據）

〔一〕使用北京大學加速器質譜（AMS）檢測，採用 Oxcal Version 3.1 樹輪校正。

圖 8　遵化市鐵廠鎮空中俯拍
（自東向西，箭頭處爲遺址點，圖片來源 Google Earth，2018 年 8 月攝影）

圖 9　河北遵化鐵廠村明代冶鐵遺址採集物（2011 年 5 月，黃興攝影）

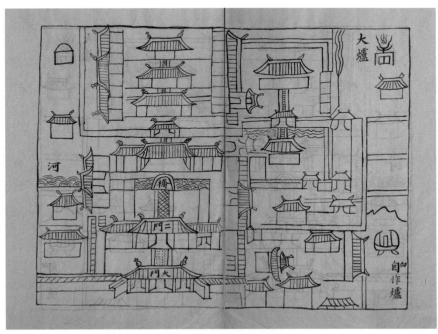

圖 10 《鐵冶志》卷首遵化鐵廠佈局圖

表 1 河北遵化鐵廠遺址木炭樣品 C-14 測年數據[一]

序號	實驗室編號	採樣地點	年代（B.P）	68.2% 可能性	95.4% 可能性
1	BA121058	2 號爐底	315 ± 20	1520AD（54.8%）1590AD 1620AD（13.4%）1640AD	1490AD（95.4%）1650AD
2	BA121059	木炭堆積點礦渣內	425 ± 25	1435AD（68.2%）1470AD	1420AD（93.0%）1500AD 1600AD（2.4%）1620AD
3	BA121060	1、2 號爐爐壁下方	450 ± 25	1430AD（68.2%）1455AD	1415AD（95.4%）1470AD
4	BA121061	木炭堆積點爐渣內	550 ± 30	1325AD（24.3%）1345AD 1390AD（43.9%）1425AD	1310AD（40.2%）1360AD 1380AD（55.2%）1440AD
5	BA121062	木炭堆積點	340 ± 35	1480AD（23.2%）1530AD 1550AD（45.0%）1640AD	1460AD（95.4%）1650AD
6	BA121063	木炭堆積點爐渣內	380 ± 30	1450AD（54.1%）1520AD 1590AD（14.1%）1620AD	1440AD（61.6%）1530AD 1550AD（33.8%）1640AD
7	BA121064	木炭堆積點爐渣內	590 ± 45	1305AD（49.6%）1365AD 1385AD（18.6%）1410AD	1290AD（95.4%）1420AD
8	BA121066	木炭堆積點爐渣內	285 ± 30	1520AD（42.7%）1580AD 1620AD（25.5%）1660AD	1490AD（95.4%）1670AD

二、遵化鐵廠豎爐冶鐵技術

《鐵冶志》記載遵化冶鐵的冶煉週期，即夏季採石築爐，秋季淘鐵砂，冬季開爐冶煉，春盡結束冶煉。這與《漢書·五行志》記載"河平二年（前 27）正月，沛郡鐵官鑄鐵"，清初《廣東新語》所謂"凡開爐始於秋，終於春"都是一致的。[二]

人工冶鐵技術起源於安納托利亞，最早採用塊煉鐵技術。甘肅陳旗磨溝出土了公元前 14 世紀塊煉鐵和塊煉滲碳鋼。[三]公元前 9—公元前 8 世紀，冶鐵技術傳入中原。中原地區在公元前 8—公元前 6 世紀最先發明了生鐵冶煉技術。[四]其特點是建立高大的豎爐，從頂部加入木炭、礦石、助熔劑（石灰石、螢石等含有鈣或鎂的石料）等組成的爐料。用鼓風器強力鼓風，發生強烈的燃燒，爐溫最高可達 1400 攝氏度以上，產生還原性的一氧化碳氣體和碳蒸氣，將礦石中的氧化鐵還原。鐵在高溫下滲碳，熔點降低，在 1300 攝氏度左右熔化成液體態鐵水。礦石中的二氧化硅與助熔劑反應生成低熔點的硅酸鈣或

〔一〕黃興、潛偉《中國古代冶鐵豎爐爐型研究》，北京：科學出版社，2022 年，第 271—272 頁。
〔二〕班固《漢書》，北京：中華書局：1962 年，第 1334 頁。屈大均《廣東新語》，北京：中華書局，1985 年，第 408—409 頁。
〔三〕陳建立、毛瑞林、王輝等《甘肅臨潭磨溝寺窪文化墓葬出土鐵器與中國冶鐵技術起源》，《文物》2012 年第 8 期，第 45—53 頁。
〔四〕鄒衡主編，北京大學考古系商周組、山西省考古研究所編著《天馬 - 曲村 1980—1989》，北京：科學出版社，2000 年，第 1178—1180 頁。

硅酸鎂，也變成液態。液態渣鐵一起沉降到爐底，然後自然分層，積累到一定量後，從爐門放出。用豎爐冶煉生鐵可以連續操作、持續生產，直到完成冶煉計劃或者發生故障而停爐。豎爐冶煉在效率和鐵的純淨程度方面遠優於塊煉鐵。歐洲長期沿用塊煉鐵技術，直到公元 13 世紀才開始建豎爐冶煉生鐵，并將其發展爲現代高爐。

考察古代的豎爐冶煉生鐵技術，主要從爐型、鼓風、燃料和操作制度等方面入手。評價冶煉狀況，可以從微觀的冶煉產物成分，以及宏觀上是否穩產高效兩方面來衡量。

（一）築爐

《鐵冶志·爐冶·大鑑爐》將冶鐵豎爐稱爲"大鑑爐"，詳細記載了大鑑爐多個關鍵部位的尺寸：

> 大鑑爐在廠冶東北，專煉生鐵。每爐深一丈二尺，廣前二尺五寸，後二尺
> 七寸，左右各一尺六寸。前闢數丈，以爲出鐵之所。四傍、窩底俱石以砌之，
> 以簡子石爲門，牛頭石爲心。（第 15 頁，整理本頁碼，下同）

這些文字在明末朱國禎《湧幢小品》、清初孫承澤《春明夢餘錄》中都有轉引，差別是《湧幢小品》將"簡子石"寫作"簡千石"[一]，《春明夢餘錄》則寫作"簡干石"[二]。"簡子石"應當是一種耐高溫、耐侵蝕的石料。"牛頭石"意爲石塊較大，如牛頭一般。使用大塊石頭砌築成的爐體耐侵蝕，不易開裂；如果用小石塊砌築，經過高溫、侵蝕，容易碎裂、墜落，容易會堵住進風口，導致停爐。

《鐵冶志》中對爐體每個部位所用石料有專門的稱謂和固定的數量，已經實現了標準化建爐：

> 每爐用底子石一、搪石一、窩子石二、關石一、夾石四、前廂石二、納後
> 石二、小面石十、肩窩石二、外關石一、攔火石二、門石一。（第 22 頁）

《鐵冶志》還記載了舊爐爐體不再使用，每年都要新建。建新爐要用新石，由石匠采自山上，加工成所需外形。門石（砌爐門的石塊）由於經受侵蝕，冷熱交替容易損壞，必須提前備份，及時更換；其餘石塊一旦建成不能再動，無法替換。

楊寬據《湧幢小品》認爲遵化豎爐"深"爲爐深，一丈二尺；"前"指爐前的出鐵口，內徑二尺五寸；"後"指爐後的出渣口，內徑二尺七寸；"左右"指兩側鼓風口內

〔一〕朱國禎《湧幢小品·卷四》，30b，中國國家圖書館藏天啓二年刻本。
〔二〕孫承澤《古香齋鑒賞袖珍春明夢餘錄》卷四十六，57b，中國國家圖書館藏乾隆間內府刻本。

徑各一尺六寸。[一]

　　根據豎爐冶鐵的基本原理以及其他地區發現的古代冶鐵豎爐爐型來看，楊寬對爐體内部深度的判斷是合理的，但對鐵口、風口和渣口佈局和尺寸的復原尚需商榷。《鐵冶志》用"爐深"一詞説明觀察者位於爐頂，且必爲爐後面的土崖之上。則"廣"是站在同一角度，對爐口的描述，"前""後""左右"指爐口各邊沿，而非渣口、鐵口和風口。故此，"前"是爐口在爐門一面的邊長（0.800 米），"後"是爐口臨土崖一側的邊長（0.864 米），"左右"是爐口兩側邊長（0.512 米），爐口爲梯形，接近長方形。[二]

　　實地調查一定程度上印證了上述復原方案。在鐵廠村東北角的土崖邊，鐵廠遺址 2 號冶鐵爐位於土崖北側，存留約四分之一爐體（圖 11、圖 12、圖 13）。爐體用 0.50 米大小的石塊砌築，石塊與土崖之間用土填實；内壁掛渣，外壁有 1 米厚的紅燒土層。從爐口向下至爐腰，爐壁在水平面上有一個明顯的拐角，證明了原來的爐體橫截面接近圓角矩形，爐口并非圓形。

圖 11　遵化市鐵廠鎮東北角冶鐵遺跡分佈（底圖來源 Google Earth，2020 年數據）

　　《鐵冶志》没有記載爐體内部的爐型曲綫，但從 2 號冶鐵爐遺跡來看，自爐身向下，爐腰、爐腹直徑明顯增大，内部爐壁没有了明顯折角，變得相對圓滑。反過來表明，爐口爲梯形很可能是由於採用的石塊較大，爐頂内徑較小，不易砌圓所致。

―――――――

〔一〕楊寬《中國古代冶鐵技術發展史》，上海：上海人民出版社，2004 年，第 185—186 頁。

〔二〕明代營造尺 1 尺合 0.32 米。參見丘光明、邱隆、楊平《中國科學技術史・度量衡卷》，北京：科學出版社，2001 年，第 405 頁。

參考《鐵冶志》描述的爐口、爐深比例，根據現場考察所見爐壁曲綫及爐型大小，筆者繪出遵化鐵廠的方形豎爐復原示意圖（圖 14），其爐容約 3.5 立方米。

圖 12　遵化鐵廠冶鐵遺址 2 號冶鐵爐遺跡（2011 年 5 月，黃興攝影）

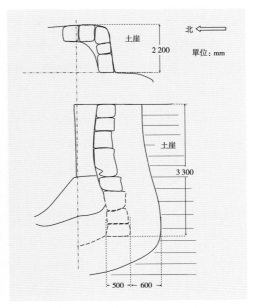

圖 13　遵化鐵廠 2 號冶鐵爐現狀示意圖（黃興 繪。上：俯視，下：側視）

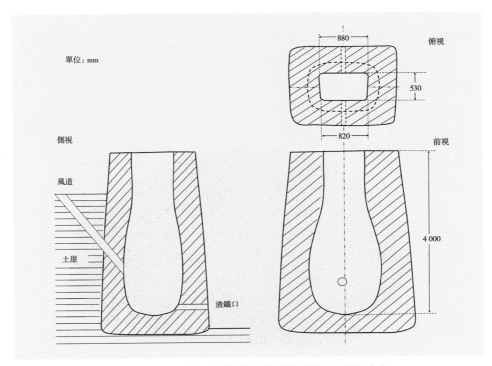

圖 14　遵化鐵廠冶鐵爐爐型復原示意圖（黃興 繪）

121

（二）爐料

豎爐冶鐵所用爐料包括鐵礦、助熔劑和燃料三部分。《鐵冶志‧歲入》記載遵化鐵冶在周邊薊州、遵化縣、豐潤縣、灤州、遷安縣、昌黎縣、樂亭縣設民夫 410 名，發給官價銀，辦理木柴、木炭、石子，正德九年間減員至 136 名；在遵化衛、忠義中衛、東勝右衛、興州前屯衛、興州左屯衛、興州右屯衛選派軍夫 425 名，辦理木炭和鐵砂。此外，鐵廠也安排數百名軍匠和民匠納砂，置辦柴炭。

甲、鐵礦

古代豎爐冶鐵一般使用原礦石，但需要提前焙燒、破碎、篩選，入爐礦石顆粒度一般控制在 1 釐米以下。《鐵冶志‧爐冶‧大鑑爐》記載遵化鐵廠使用砂礦冶煉，比較獨特。礦砂中黑砂最佳，紅砂次之，荒砂需要反復淘洗，河砂則不可用：

> 黑砂爲本，石子爲佐，時時旋下，用炭火以煆煉之。【中略】鐵砂出於砂坡峪及松棚峪等處。其色黑如炭，其質與常砂亦不異也。用水濕而火煉之，則砂化爲鐵，不濕則不化焉。【中略】砂者皆大爐之所需。砂有黑砂、紅砂（今謂之雞冠砂）、荒砂、河砂。黑砂帶礦則其最高者。紅砂次之。荒砂則陶洗不淨，再陶亦可。河砂雖黑，然絕無鐵礦，決不可留。（第 15、20、73 頁）

2014 年 3 月，調查組在鐵廠鎮冶鐵爐遺址旁村民院內發現一些鐵砂原料（圖 15）裝滿了數個編織袋。黑色礦砂與泥土顆粒混在一起，可大量吸附在磁鐵上。在冶煉爐的後上方，即冶煉中堆放原料的地方也發現大量黑砂。這裏的土層至今仍呈明顯黑色。據瞭解，附近不少村民都來此挖黑沙售賣。鐵砂靠近冶鐵爐堆放是一種合理的佈局，也印證了《鐵冶志‧庫場》篇的記載"柴場，在白作爐北"，"砂場，在柴場北"。

圖 15　鐵廠村冶鐵爐附近採集到的黑砂（2022 年 3 月，黃興攝影）

陳虹利委託北京科技大學化學分析中心濕化學分析顯示，鐵砂中全鐵含量（TFe）50.4% ~ 60.8%，且有一定的二氧化鈦（TiO_2），在燕山地帶一般都是這種含鈦磁鐵礦；對黑砂做 5 次磁選後，礦物物相定性定量分析含磁鐵礦 64%，赤鐵礦 22%。[一]

《鐵冶志》記載了冶煉時投入的礦砂量：

> 大鑑爐初開數日，每日用砂不過一石餘。五日後，日用二石。十日後，日用三石。二十日後，日用四石，或爐旺則與之五石。四十日後，用五石餘，亦有當增六石者。五十日後，日用七石。七十日後，則又漸減少矣。蓋爐已老，雖多與之，亦不能消也。由是衰多益寡，合先後而約之，每日用砂五石五斗，每月該砂一百六十五石，每季該四百九十五石。然此亦其大略耳。（第 28—29 頁）

經測算，鐵砂樣品堆積密度 2.63 克 / 立方釐米，明代一升合 1 035 立方釐米，[二] 單爐日均入爐鐵砂以五石五斗計，約合 0.569 立方米，即 1 497 千克，全鐵含量（TFe）以 50.4% 計，則含鐵 754.5 千克。

乙、助熔劑

《鐵冶志·爐冶·大鑑爐》記載助熔劑的文字如下：

> 每日下砂，俱以石心爲候。石心通則多與之砂，石心燥則用石子化水以潤之，而少與之砂，約一二刻許則化爲鐵矣。【中略】石子出於水門口及小水營等處。色間紅白，略似桃花。大者如斛，小者如拳。擣而碎之，以投於火，則化而爲水。石心燥，用此以救之，則其砂始消。不然則心病而不消也。如人心火太盛，用涼劑以救之，則脾胃和而飲食進矣。如以熱藥投之，其不至於增狂而速死者幾希。故知心病而藥之，天下之良醫也。（第 16 頁、第 21—22 頁）

《湧幢小品》中對這段記載略作簡化，內容基本一致：

> 石子爲佐，時時旋下。【中略】妙在石子産于水門口，色間紅白，略似桃花，大者如斛，小者如拳，擣而碎之，以投於火，則化而爲水。石心若燥，沙不能下，以此救之，則其沙始銷成鐵。不然則心病而不銷也。如人心火大盛，

〔一〕實驗委託北京北達燕園微構分析測試中心，使用 X 射綫衍射儀（D/max-rA）。參見陳虹利《明代遵化鐵冶研究》，第 86—87 頁。
〔二〕丘光明、邱隆、楊平《中國科學技術史·度量衡卷》，第 413 頁。

用良劑救之，則脾胃和而飲食進。造化之妙如此。[一]

　　劉雲彩[二]、韓汝玢[三]、楊寬[四]等研究者依據"色間紅白，略似桃花"的描述認爲遵化鐵廠使用的石子是螢石（其主要成分氟化鈣，雜生於片麻岩、石灰岩中）。然而方解石、白雲石、螢石均符合上述外觀描寫。遵化境内白雲岩資源豐富，螢石相對缺乏。調查組在冶鐵爐遺址採集到一些排出渣，陳虹利分析發現其中氧化鈣的平均含量爲 10.03%，而遺址周邊隨處可見一些白色石子，陳虹利測定發現這些石子主要由石英與白雲石組成。陳虹利用 X 射綫螢光光譜分析，發現其中均不含氟，可排除螢石，應是白雲石；同時发现鐵廠煉渣鈣、镁含量比是正常白雲石的 2.8 倍，陳虹利認爲遵化鐵廠冶鐵將白雲石和其他含鈣更高的礦石（如方解石、大理石）混合使用。[五]

　　關於助熔劑的用量，《鐵冶志·歲出》記載：

　　　　每爐五日用石一車，一月該用六車，一季該一十八車。五爐（二）[一]
　　季該石子八十車。（第 29—30 頁）

　　一車石子的重量文中没有提及，暫時無法確定。

丙、燃料

　　中國古代豎爐冶煉生鐵使用的燃料以木炭爲主，兼有木柴、煤、焦等。燃料同時還起到了还原劑、骨架支撐等作用。《鐵冶志·爐冶·大鑑爐》記載遵化鐵廠"用炭火以煅煉之"，説明是用木炭作燃料。調查中，在鐵廠鎮遺址 2 號爐北面約 10 米處發現一處堆積坑，内有大量木炭顆粒（圖 16）；遺址範圍地表也發現了大量散落的木炭顆粒，大小不一，且都極爲脆弱疏鬆。根據 C-14 測年，其年代爲明代（表 1）。

　　冶煉生鐵使用大量木炭，消耗大量林木資源。遵化鐵冶在其周圍劃定山場，專供冶煉；後因消耗過度，燃料價格高昂。約在正德三年（1508），工部郎中韓大章上《遵化廠夫料奏》，回顧鐵廠初設，"彼時林木茂盛，柴炭易辦。今建置一百餘年，山場林木砍伐盡絶，以致今柴炭價貴。若不設法禁約，十餘年後，價增數倍，軍民愈困"[六]。七十三年后的萬曆九年（1581），鐵廠運行和生產成本遠高於產值，最終被裁撤。遵化

〔一〕朱國禎《湧幢小品》卷四，30b—31a。
〔二〕劉雲彩《中國古代高爐的起源和演變》，《文物》1978 年第 2 期，第 18—28 頁。
〔三〕韓汝玢、柯俊《中國科學技術史·礦冶卷》，第 584 頁。
〔四〕楊寬《中國古代冶鐵技術發展史》，第 185—186 頁。
〔五〕陳虹利《明代遵化鐵冶研究》，第 89—92 頁。
〔六〕萬表輯《皇明經濟文録》卷十六，21a，《四庫禁燬書叢刊》集部第 19 册影印嘉靖三十三年序刻本，第 36 頁。

圖16　遵化鐵廠鎮2號冶鐵爐傍邊的木炭坑（2014年3月，黃興攝影）

鐵廠究竟每年消耗多少木炭，砍伐多少森林，山場中有多少森林？這些數據資料，前人研究尚無力探及。現根據《鐵冶志》抄本，可做大致推算。

《鐵冶志·歲出》記載：

> 每爐每日用炭五千二百五十斤，此郎中李統轄廠時陰較日晷而試之者，屢試皆符，較之前人所支實爲省約。以此計之，一月該炭一十五萬七千五百斤，一季該炭四十七萬二千五百斤，百日該炭五十二萬五千斤，五爐該炭二百二十六萬五千斤。
>
> 熟鐵，每爐五日支柴四千六百八十斤，每月支柴二萬八千八十斤，五月該柴一十四萬四百斤，八爐該柴一百一十二萬三千三百斤。鋼鐵，每爐五日支柴四千三百二十斤，一月該二萬五千九百二十斤，八爐該柴二十萬七千三百六十斤。二項計用柴一百三十三萬六百六十斤。（第30—31頁）

《鐵冶志·歷官》無"郎中李統"，"李統"似爲"李銳"形近之誤。按《歷官》記載，李銳，江西吉安府安福縣人，弘治十二年（1499）進士，正德五年（1510）十二月至翌年十一月掌管鐵廠。《鐵冶志·公署》記載："雜造局官舍，在大門左，凡六間，郎中李銳建。"同書《庫場》之柴場、砂場、新廠，《坊市》之"司空行部""三軍之需""百煉之剛"三座牌坊，均爲李銳建成，可見其任內頗有建樹。嘉靖《薊州志·名宦》"工部鐵廠郎中"載："李銳，字抑之，江西安福縣人，進士。弘治間任。持身清

慎，執法無私，廠中利害，興革殆盡。歷官鹽運使。"[一]

按《鐵冶志·歲出》所記，大鑑爐五爐百日（1 年度）消耗木炭 2 265 000 斤，約合 1 352 噸。木炭入爐前需破碎、篩選，其損耗以 25% 計。煉鐵用栗木、櫟木等闊葉硬木，木柴燒炭比例大約 4∶1。如是，5 爐 1 年度煉生鐵用木柴 6 759 噸。冶煉熟鐵、煉鋼每年用柴 1 330 660 斤，合 794 噸。總計每年用木柴 7 553 噸。以乾栗木密度 750 千克／立方米計，合 10 071 立方米。《河北省志·林業志》記載，明代易州山場每年上解歲辦、派辦木炭用木材 10 萬～12 萬立方米，消耗森林 13～16 平方千米。[二]取平均數推算，鐵廠每年約消耗森林 1.34 平方千米。

遵化鐵冶周邊設山場，施封禁，專供鐵冶。《鐵冶志·山場》記載其四至：

> 東至建昌一百五十里；西至薊州一百八十里；南至灤州一百五十里；北至邊牆一百里。右山場四至，原係採辦柴炭之所，近時以來，山木漸竭，四隅有開墾者，酌令納炭以供大爐，謂之地畝炭。其山仍行禁約，如有盜開者，照例發遣。（第 26 頁）

在地圖上（圖 2）計算，此四至圍成的總面積約 600 平方千米。計算森林覆蓋區域要除去多座縣城、村鎮，以及農田、道路、河道、草地、澤泊及其他林木不生或難以採伐的地區。實際區域是白冶莊爲中心的山地，薊州、遵化、建昌營長城沿綫內山地，及其附近的平原。有研究認爲隋唐時期太行山森林覆蓋率 50%，元、明之際由 30% 降至 15% 以下。[三]若明初以 30% 計，山場森林覆蓋區域約 200 平方千米。按前文推算之遵化鐵冶每年消耗 1.34 平方千米計，200 平方千米山場林木可供應遵化鐵冶 149 年之用。[四]鐵廠自正統三年（1438）遷白冶莊至萬曆九年（1581）徹底關閉共 143 年。這表明上述推算與實際規模大致接近。

需澄清的是，《鐵冶志·山場》記載曰："右山場四至，原係採辦柴炭之所，近時以來，山木漸竭，四隅有開墾者，酌令納炭以供大爐，謂之地畝炭。"同書《歲入》篇曰："（地畝）共地四千五百六十一畝九分六厘，每畝納炭三十斤。正德九年題准每畝納炭二十斤，共炭九萬一千二百二十斤，但每歲所徵僅餘其三之一而已。"這裏講的

〔一〕熊相《（嘉靖）薊州志》卷七，中國國家圖書館編《原國立北平圖書館甲庫善本叢書》第 288 冊影印嘉靖三年序刊本，北京：國家圖書館出版社，2013 年，第 64 頁。

〔二〕河北省地方志編纂委員會編《河北省志·林業志》，石家莊：河北人民出版社，1998 年，第 16 頁。

〔三〕翟旺《太行山系森林與生態簡史》，太原：山西高校聯合出版社，1994 年，第 60 頁。

〔四〕明代易州山場的森林消耗資料應當包含了多年內林木可在一定程度上繼續生長和自我恢復的部分，是一個整體消耗值。

四千五百餘畝僅是山場四隅新墾田地的面積，後出的文獻誤將該數值作爲山場的總面積。如萬曆《大明會典》曰：“本廠山場。薊州遵化、豐潤、玉田、灤州、遷安，舊額共四千五百六十一畝九分六厘，采柴燒炭。成化間，聽軍民人等，開種納税，肥地每畝納炭二十斤，瘠地半之。”[一]清初傅維鱗《明書·食貨志》“窯冶”記遵化鐵冶廠曰：“採樵燒炭，則薊州遵化、豐潤、玉田、灤州、遷安，共山場四千五百六十一畝有奇。肥饒者聽民耕種，畝二十斤，瘠半之。”[二]

（三）冶煉産物

甲、生鐵

《鐵冶志·爐冶·大鑑爐》記載：

> 每爐每日出鐵四次，五日而彙收之。初數日所得甚微，日可一二百斤而已。十日之後，日可三四百斤。二十日後漸盛，日可六七百斤。四十日後，日計可得千斤。五十日後，日有千斤而贏三四百者，然亦止此極焉。七十日後，日又漸以衰少，至九十日後則爐敗而不可用矣。然而其間亦有三四十日而敗者，有六七十日而敗者，有初盛而終替者，有初替而終盛者。消息盈虛，其數自不齊也。（第16—17頁）

開爐之初，爐温不够，産量較低。此後，爐體及周邊地表逐漸乾燥、脱去結晶水；隨著爐温不斷上升，爐料運行加速，冶煉速度加快；氧化鐵的還原率逐漸增加，造渣良好，流動性增加，都有助於提高産鐵量。冶煉一段時間之後，一般會出現爐壁侵蝕、結瘤等情況，導致運行不暢；或者炉料層形成管道等現象，導致煤气流失等，嚴重影響鐵的還原。由於爐内冶煉非常複雜，影響因素很多，爐況多變，如果調節不周，就會導致故障，縮短爐齡。

《鐵冶志·爐冶·大鑑爐》記載了兩種生鐵産品：

> 凡鐵從中出皆方正成段，故謂之板鐵。間有從旁溢出者，則以繩係鎚，鎚去其渣滓，是謂之碎鐵。碎鐵所得，亦與板鐵相爲盛衰，但不能多得耳。（第17—18頁）

用豎爐冶鐵，鐵呈液態從爐門放出，經流道進入砂型中，澆鑄成板狀或條狀等型

〔一〕申時行等《大明會典》卷一九四，21b，《續修四庫全書》史部第792册影印萬曆刻本，第340頁。
〔二〕傅維鱗《明書》卷八十二，北京：中華書局，1985年，第15頁。

材，是謂板鐵。每次出鐵量、流速不定，有時會從流道或砂型中溢出來，與渣混在一起。故以繩繫錘，將其破碎分離，把鐵選出來，是謂碎鐵。

> 由是合先後而總計之，每日約可鐵八百斤，一月可鐵二萬四千斤，一季可鐵七萬二千斤。此則較量折衷之中數，其間或有稍過與不及者，則爐火有盛衰，起爐有遲速，加以人力勤惰不齊耳。然爐複出於數，則固無如之何者。若惰而不爲，其責在我矣。（第18頁）

總的來看，遵化鐵廠的大鑑爐平均單爐日產鐵可達800斤，月產24 000斤，一季可產72 000斤。傅浚總結出爐溫上升的快慢、爐溫高低、操作者是否勤快，對產鐵多寡有一定影響。然而，產量基本如此，想要大幅提高，也沒有更好的辦法。可見當時基本實現了穩產，但想要進一步高產，遇到了瓶頸，一時難以突破。

關於歷年產量，《鐵冶志·爐冶·大鑑爐》有所記載：

> 正德四年，郎中王軹呈部，歲用大鐵爐十，每爐煉鐵四萬八千六百斤，共煉生鐵四十八萬六千斤。
> 正德六年，郎中葉信呈部，歲用大鑑爐五，每爐煉鐵九萬七千二百斤，亦煉生鐵四十八萬六千斤。（第19頁）

又云：

> 按歷歲各爐或三四萬，或五六萬，或七八萬。其間蓋或有九十萬者，但亦絕少。故不可以一概律之也。（第20頁）

此外，萬曆《大明會典·遵化鐵冶事例》有記：

> 嘉靖八年以後，每歲大鑑爐三座，煉生板鐵十八萬八千八百斤，生碎鐵六萬四千斤。[一]

嘉靖八年（1529）單以後爐出鐵84 267斤，與正德年間相比，這個產量是比較高的，說明遵化鐵廠冶煉技術已經成熟，產量穩定。

〔一〕申時行等《大明會典》卷一九四，21a—b，《續修四庫全書》史部第792冊影印萬曆刻本，第341頁。

2011 年，調查組訪問鐵廠鎮，見到村民從冶煉爐遺址附近採集的一些扁平狀大鐵塊（圖17）。鐵塊外表粘附泥土，佈滿鐵銹，斷口泛出白光（圖18）。經檢測，金相組織爲白口鐵（圖19），夾雜物很少，品質很高，説明了冶煉技術已經達到較高水準。[一]

圖 17　遵化鐵廠鎮村民採集到的板狀鐵塊（2011 年 5 月，潛偉攝影）

圖 18　遵化鐵廠鎮村鐵塊的斷口
（潛偉攝影）

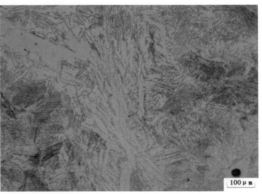

圖 19　遵化鐵廠鎮鐵塊的金相組織
（陳虹利攝影）

〔一〕採用北京科技大學科技史與文化遺産研究院的徠卡 DM4000M 型金（礦）相顯微鏡。陳虹利《明代遵化鐵冶研究》，第 100 頁。

乙、爐渣

調查組在鐵廠和松棚營兩地採集到的明代鐵廠爐壁掛渣和排出渣。根據陳虹利檢測分析，都屬於 $FeO-SiO_2-CaO$ 系渣。

松棚營遺址爐壁掛渣的鋁硅比值明顯高於鐵廠鎮遺址，即鹼度比較高，爐渣流動性高，有助於爐況順行；但對冶煉爐爐襯、爐壁侵蝕更嚴重，一次爐齡減短。

鐵廠鎮時期，爐渣酸度高，流動性低，對爐襯損害較輕。可能是鐵廠鎮採取了更爲合理的爐型、裝料制度等工藝，在高酸度、較高黏稠度的狀態下，維持爐況順行，表明其操作工藝方面更爲成熟。

排出渣中的高鐵系爐渣數量較少，多數出土於鐵廠鎮，僅有一例在松棚營遺址。渣中含有較多的浮氏體。生鐵冶煉掛渣、炒鐵渣中有可能出現浮氏體。樣品外觀均呈現較好的流動形態，可排除其爲掛渣，很可能爲炒鐵渣，[一] 即第三節第一小節的灌爐渣。

（四）鼓風設施

《鐵冶志·爐冶·大鑑爐》記載：

> 頂後爲鞲室一區，高、廣各八九尺。室置鞲二扇，扇後役夫二人，鼓其風，注於火。晝夜不暫停，雖風雨不避也。（第 15—16 頁）

"鞲"是中國古代鼓風器的統稱。冶煉生鐵必須使用鼓風器，以產生足夠的風量和風壓。冶鐵鼓風操作位於豎爐爐後，通過風道與爐內相通。這種佈局是古代豎爐冶鐵的普遍情況。因爐口有高溫和煙塵，有時在鼓風器與爐體之間建立土牆以隔離。《鐵冶志》提到是在爐後建一工棚，高、廣各八九尺，合高 2.488 米，廣（寬）3.799 米。

這段文字中的"扇"即木扇。木扇由一個箱體（磚土砌築或木製）、木扇蓋以及附屬的活門和推拉杆組成，屬於容積型單作用鼓風器。使用時，多將兩架木扇組成一組，交替推拉，以提供連續的氣流。古代冶鐵曾先後使用皮囊、木扇、雙作用活塞式風箱。木扇的密封性、耐壓程度和效率高於皮囊；兩架木扇組的鼓風速率與一個雙作用活塞式風箱相當，并且木扇驅動力作用點在扇板下部，箱內氣體壓力對扇板的等效作用點在扇板中心，這樣就構成了一個省力杠杆，能產生更高的風壓。宋元以來的文獻中常以扇（煽）煉代指冶鐵。

木扇的圖形最早見於北宋《武經總要》"行爐"圖（圖 20）[二]。行爐放置在城牆上，

〔一〕 Hongli Chen, Haifeng Liu, Wei Qian. The Last State Monopoly Iron Works in Imperial China: The Zunhua Iron Works of the Ming Dynasty. *The Journal of the Minerals, Metals & Materials Society*. 2017, 69（6）：1093—1099.

〔二〕 曾公亮等《武經總要》卷十二，鄭振鐸編《中國古代版畫叢刊》影印正德間刊本，上海：上海古籍出版社，1988 年，第 649 頁。

熔化鐵汁用以攻擊敵人。《武經總要》行爐條的説明文字襲自唐代李筌所著《神機制敵太白陰經》（759）。[一]敦煌榆林窟西夏第 3 窟壁畫《千手觀音變》繪製了兩個使用木扇鼓風鍛鐵的場景。[二]元代成書的《熬波圖》（1334）所載"鑄造鐵桦（盤）"圖，繪製了一座熔鐵爐，兩架風扇組，四人鼓風。[三]王禎《農書》"水排圖"，展現利用水流衝擊水輪，帶動連杆驅動木扇鼓風。[四]20 世紀 50 年代，很多傳統冶鐵場仍在使用木扇鼓風[五]。

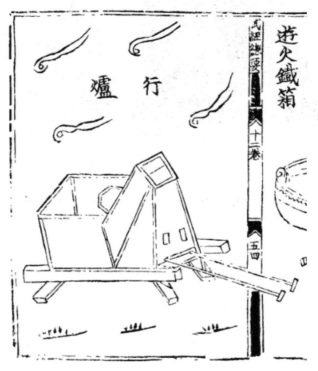

圖 20 《武經總要》行爐圖

古代圖像記載衹反映了木扇的外觀，木扇内部還應當有兩個關鍵結構：一是下底板内型要做成下凹面狀，與扇蓋下沿的活動曲面形成配合；二是出風口安裝活門，防止爐内熱空氣倒流。筆者參照《武經總要》行爐圖用 3DS MAX 軟件復原了古代木扇的内外

〔一〕李筌《神機制敵太白陰經》，《叢書集成初編》影印守山閣叢書本，上海：商務印書館，1937 年，第 83 頁。
〔二〕北京科技大學冶金與材料史研究所《鑄鐵中國》，北京：冶金工業出版社，2011 年，第 24 頁。
〔三〕陳椿《熬波圖詠》，《上海掌故叢書》第一集，上海：上海通社，1935 年，第 37 頁。《熬波圖》旨在記録、反映鹽場工藝。原稿長卷爲元代浙西華亭下沙鹽場提幹之弟名守義者命畫工繪成，其祖上自南宋建炎年間即在該鹽場任職。元統二年（1334）該鹽場鹽官陳椿爲之續補刊印。
〔四〕王禎著《王禎農書》，孫顯斌、攸興超點校，長沙：湖南科學技術出版社，2015 年，第 547—548 頁。
〔五〕劉培峰、李延祥、潛偉《傳統冶鐵鼓風器木扇的調查與研究》，《自然辯證法通訊》2017 年第 3 期，第 8—13 頁。

結構（圖 21）。筆者也曾設計并製作了一架單木扇（圖 22），用來開展煉銅實驗（圖 23）[一]。木扇鼓風有力，操作便捷，很適用。

圖 21　遵化鐵冶木扇復原效果圖（2011 年 9 月，黃興製圖）

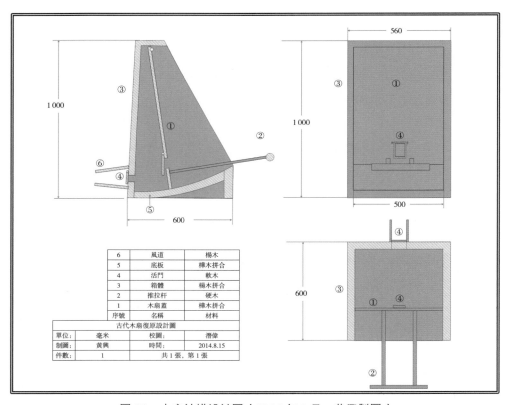

6	風道	楊木
5	底板	樺木拼合
4	活門	軟木
3	箱體	楊木拼合
2	推拉杆	硬木
1	木扇蓋	樺木拼合
序號	名稱	材料
古代木扇復原設計圖		
單位:	毫米	校圖:	潘偉
制圖:	黃興	時間:	2014.8.15
件數:	1	共 1 張，第 1 張	

圖 22　木扇結構設計圖（2014 年 8 月，黃興製圖）

〔一〕2016 年 8 月 4 日，北京大學考古文博學院冶金考古夏令營（北京房山）。照片中推木扇者爲劉彥琪先生。

圖 23　使用木扇鼓風煉銅（2016 年 8 月，鄭誠攝影）

三、遵化鐵廠煉鋼技術

遵化鐵廠煉鋼先將生鐵煉成熟鐵，再與生鐵合煉成鋼。燃料使用木柴即可，無需木炭。

（一）"灌爐"煉熟鐵

"灌爐"是將生鐵脫碳煉成熟鐵或低碳鋼，屬炒鋼工藝。《鐵冶志・爐冶》描述道：

> 爐高七尺，長六尺五寸。下截爲爐腔以入鐵，前一尺二寸，後一尺八寸。
> 上截爲井口以入柴，高一尺二寸，長一尺四寸，左右各八寸，其傍有小孔，以
> 通風韝。（第 23—24 頁）

使用方法：

> 煉熟鐵，先熱灌爐。乃置生鐵於爐腔，實柴於井口，悉泥而封之。用韝以
> 煽，皷其風使注於下。柴盡更增，復封而皷之，凡五六番而鐵熟。乃用刀截鉗
> 制而鎚鎚之。鎚成，取白作爐所煉鐵條橫貫而繫之。四塊爲掛，掛合二十斤。
> 類而稱之，以貯於庫。（第 24 頁）

參照遵化鐵冶佈局圖（圖 3），灌爐位於鐵廠城東南角，但在鐵廠村未發現爐址。灌爐包括燃燒室（井，在上）、脫碳室（爐腔，在下）兩部分；上部鼓風燃燒，使火焰下行來加熱、脫碳。這是一種反射爐，比單純的"地坑＋鼓風"式爐有明顯進步。近代以來的傳統脫碳爐也多用這種形式。此處可以結合 20 世紀 50 年代大煉鋼鐵時期，西安的一種簡單反射爐（圖 24）進一步探討其爐型大略。

133

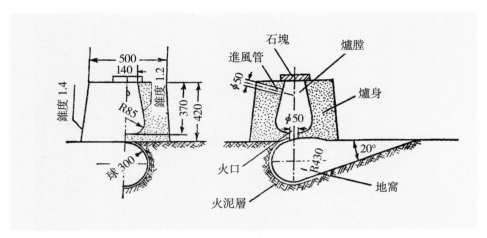

圖 24　西安一種簡單反射爐（單位：毫米）[一]

灌爐尺寸顯著大於西安簡單反射爐，其脱碳室不是向下挖地坑，而是在地上爐體之內。而用 "前" "後" 及長度單位來描述爐腔大小，可見是在講爐腔的口沿，且口沿大致在一個水平面上，向上開口，類似西安簡單爐。入柴口被稱爲 "井口"，應當是豎直向下；"高一尺二寸"，約爲爐高的 17%，顯然不是燃燒室的高度，應當是口沿的高度；用 "長" 和 "左右" 來描述，且左右相等，説明是長方形。綜合這些信息，可以繪出遵化鐵廠灌爐的復原示意圖（圖 25）。

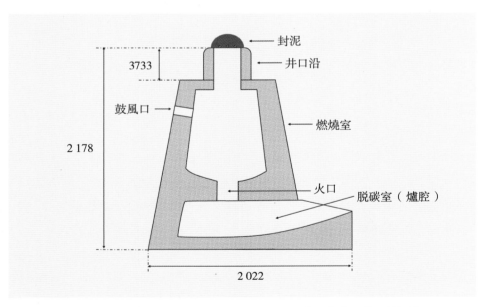

圖 25　遵化鐵廠灌爐復原示意圖（側視，單位：毫米，黃興繪圖）

〔一〕圖片源於科技衛生出版社編《土法低温煉鋼》（1958），轉引自楊寬《中國古代冶鐵技術發展史》，第 242 頁。

煉熟鐵的時候，預熱爐體，再將柴從井口填入燃燒室，并將生鐵放入脱碳室内；再次點燃木柴，封閉井口，從旁邊鼓風，火焰向下進入脱碳室將生鐵氧化、脱碳。木柴燒完之後再加入并重新封閉井口，如此五六次之後，熟鐵就能煉成。熟鐵以"刀截鉗制"，説明其呈半熔融狀，用鐵鉗夾持著以鐵錘鍛打，以消除孔隙，擠出夾雜物，進行精煉，并整理成標準形狀；用鐵條（熟鐵或低碳鋼鐵絲）穿起來，4塊共20斤爲一掛，貯藏起來。

關於生鐵到熟鐵的産出和消耗，《鐵冶志》記載：

> 作熟鐵，每爐五日領生鐵一千三百八十斤、碎鐵二百二十斤、柴四千六百八十斤，煉出熟鐵一千三百斤。計六十六掛，每掛凡四塊。（第25頁）

換言之，用灌爐煉熟鐵，以五日計，用生鐵料1600斤（鐵板1380斤，碎鐵220斤），消耗木柴4680斤，産出熟鐵1300斤，計66掛。産出率81.25%，折損率18.75%。

（二）"白作爐"煉鋼

遵化鐵廠煉鋼爐被稱爲"白作爐"，兼煉鋼與製作條鐵，是一種抹鋼爐，屬於蘇鋼工藝。

《鐵冶志》祇描述了白作爐的外形尺寸，呈長方體：

> 每爐高五尺，長七尺，前濶二尺五寸，後濶二尺五寸。其傍可通風鞲。
> （第23頁）

從這段文字祇能看出白作爐外形近長方體。其内部結構可以參照1938年重慶北碚小型煉鋼廠的抹鋼爐（圖26）。[一]

《鐵冶志》對煉鋼工藝的描述很有價值：

> 煉鋼鐵者，先成熟鐵，置白作爐，取生鐵加於熟鐵之上，鼓火以煉。俟其合下一出之，用鉗鉗制磨搭，以堅其合。如是者九，乃斧爲數段，火燒而水漂之，而後鋼鐵成。（第25頁）

〔一〕周志宏《中國早期鋼鐵冶煉技術上創造性的成就》，《科學通報》1955年第2期，第25—30頁。

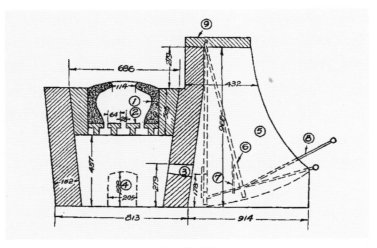

正中截面圖

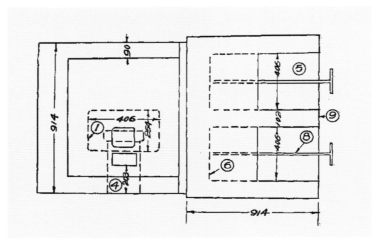

平面圖

圖 26　重慶北碚小型煉鋼廠抹鋼爐及木扇的結構（單位：毫米）
①爐膛及膛壁上塗泥沙；②爐橋；③出風口；④灰渣出口處；⑤連續性風箱；
⑥風葉；⑦活門；⑧送風柄；⑨風箱牆

　　遵化鐵廠白作爐煉鋼之法是將生鐵置於熟鐵之上，鼓風一起加熱，生鐵熔點低於熟鐵而先熔化，鐵汁欲滴未滴那一刻，用鐵鉗夾住生鐵在熟鐵上塗抹；此時生鐵作爲一種滲碳劑，快速向熟鐵中滲碳。熟鐵滲碳、生鐵脫碳兩者都變成鋼。液態生鐵中的碳、硅、錳等與熟鐵中的氧化物夾雜發生反應，去除雜質，純化金屬組織。通過控制生鐵和熟鐵的比例可獲得不同碳含量的鋼。前後九次熔融生鐵塗抹，再用斧暫爲數段，重新加熱，入水淬火，最終製成鋼製品。

　　白作爐煉鋼也是以五日爲計：每爐五日領生板鐵 600 斤，柴 4320 斤，共約煉鋼鐵 253 斤。《鐵冶志》未交代消耗熟鐵量，損耗率無法計算，僅從生鐵來算至少高於

57.7%。這一步的損耗是最高的。

（三）"小爐"鍛鐵

生產現場使用多種鐵質工具，如錘、鉤、通條、鐵鋤、鐵鏟等，需經常修整或及時製作新器。《鐵冶志》記載：

> 小爐一，在大鑑爐東。高五尺，長六尺，濶四尺，口五寸。凡大鑑爐所用撞鉤鏈鉏之屬，皆於此爐修整。傍有小屋一區，以爲藏器之所。（第 23 頁）

此小爐即鍛鐵爐，外形爲長方體，高 1.556 米（5 尺）、1.867 米（6 尺）、濶（即闊）1.244 米（4 尺），爐口 0.155 米（5 寸）。

根據當前的考古發現和文獻研究，古代鍛鐵爐大致有三種。

第一種，平鋪爐。在河南鞏縣鐵生溝東漢冶鐵遺址[一]和南陽瓦房莊冶鐵遺址[二]發現的鍛鐵爐都是平鋪在地面上，接近長方形，一般長 0.50～0.70 米，寬 0.30～0.40 米。從上方向下鼓風。

第二種，立式爐。在陝西咸陽窯店鎮小閆村漢代冶鐵作坊遺址發現一座立式鍛鐵爐，[三]靠牆修建，下部有平臺，有 7 個柵格，左右寬 140 釐米，前後深 30 釐米，煙道借牆壁修建，高約 2 米。其與近代仍在使用的一些鍛鐵爐非常接近。

第三種，方形爐。其四邊隆起，一面較高。《漢書·司馬相如傳》記載司馬相如與卓文君離家後到臨邛，"盡賣車馬，買酒舍，乃令文君當盧"。唐顏師古注曰："賣酒處累土爲盧，以居酒甕。四邊隆起，其一面高，形如鍛盧，故名盧耳。"[四]又按《後漢書·孔融傳》唐李賢注曰："爐，累土爲之，以居酒甕，四邊隆起，一面高如鍛爐，故名爐。字或作'壚'。"[五]

明末宋應星《天工開物》有 3 幅插圖表現鍛鐵爐形象，外型基本相同。"錘錨圖"（圖 27）中的鍛鐵爐外形與上述第三種鍛鐵爐相近，但沒有一面高牆。[六]可見古代鍛爐形制大体相近，不拘细節。明代遵化鐵廠的鍛鐵爐當與《天工開物》"錘錨圖"相近。

〔一〕河南省文化局文物工作隊《鞏縣鐵生溝》，北京：文物出版社，1962 年，第 25 頁。
〔二〕河南省文物研究所《南陽北關瓦房莊漢代冶鐵遺址發掘報告》，《華夏考古》，1991 年第 1 期，第 74 頁。
〔三〕2014 年西安市文物保護考古所發掘，筆者與劉海峰於 2015 年 1 月實地考察。
〔四〕班固《漢書》，北京：中華書局，1962 年，第 2531—2532 頁。
〔五〕范曄《後漢書》，北京：中華書局，1965 年，第 2275—2276 頁。
〔六〕宋應星《天工開物》卷中，48b—49a，中國國家圖書館藏崇禎刻本。

图 27 《天工開物·錘錨圖》

四、討論

（一）冶煉參數推算

依據《鐵冶志》所記載的產量、木炭消耗量等數據，推算以下參數：

甲、產鐵量與入爐礦砂含鐵量之比

依據《鐵冶志》"爐冶"對一般情況下日入爐礦砂、日產鐵量以及季度入爐礦砂、產鐵量的記載作綜合推算，全鐵含量（TFe）以 50.4% 計，就能推算出大鑑爐產鐵與礦砂含鐵的比例（表 2），這是衡量冶鐵水平的重要指標之一。

表 2　　　　　　　　　　　一般情況下大鑑爐產鐵與礦砂含鐵量之比

時段	日入爐鐵砂	日入爐鐵砂含鐵（kg）	日產鐵（kg）	產鐵與礦砂含鐵之比
第 1–5 日	1.5 石（1 石餘）	408.3	89.5（150 斤計）	43.5%
第 6–10 日	2 石	544.4	119.4（200 斤計）	43.5%
第 11–20 日	3 石	816.6	208.9（350 斤計）	50.8%
第 21–40 日	4.5 石（4～5 石）	1 224.9	387.9（650 斤計）	62.8%

時段	日入爐鐵砂	日入爐鐵砂含鐵（kg）	日產鐵（kg）	產鐵與礦砂含鐵之比
第 41–50 日	5.5 石（5 ~ 6 石）	1 497.1	596.8（1 000 斤）	79.1%
第 51–70 日	7 石	1 905.4	805.7（1 350 斤計）	83.9%
第 71–90 日	漸減	—	—	—
季度（90 日）	495 石	67 908.5	42 969.6（72 000 斤）	63.3%

從有明確記録的時段，即前 70 日和季度各項值來看，產鐵量與礦砂含鐵之比範圍 43.5% ~ 83.9%。據陳虹利分析，在鐵廠鎮可判斷爲豎爐排出的玻璃態爐渣中，FeO 含量（Wt%）平均值 10.22%（分佈範圍 1.51% ~ 27.14%），未完全玻璃化爐渣中，FeO 含量（Wt%）平均值 21.73%（分佈範圍 3.62% ~ 41.86%）。可見文獻記載的宏觀推算和爐渣樣品微觀檢測分析得到的數據範圍是一致的，兩者能夠很好地互相印證。

同時，隨著冶煉的進行，產鐵量與礦砂含鐵之比幾乎提升了一倍。這是符合常理的。一般豎爐冶鐵初開，爐體、土崖、周邊地下升溫、結晶水除去都需要一個過程；設計爐型向使用爐型轉變，并得以形成合理爐型也需要時日；冶煉過程理順之後，人工作業和加料、鼓風、出渣、出鐵制度與之越來越適應，也能增加出鐵的比例。出鐵的比例最高能達到 83.9%，是一個很了不起的成績。

此外，筆者試圖根據整季度入爐鐵砂及其含鐵量、產鐵量分別減去與前 70 日的相應數據，計算 71 ~ 90 日相應數據；算得日均入爐鐵砂量達 8.1 石，產鐵與礦砂含鐵之比爲 44.8%。顯然，前者不符合《鐵冶志》"漸減"之描述，後者比 51 ~ 70 日的數據近乎腰斬，也是不實際的。即使修正一下，將前 70 天的日入爐鐵砂量入位取整，71 ~ 90 日的每日入爐鐵砂量仍達 7.25 石，產鐵與礦砂含鐵之比爲 50.25%，仍與文獻和實際不符。由此判斷，整季度的各項值與前 70 日的數據不配套，不是同季度的數據，不能直接相減。正如《鐵冶志》所言生產數據并非絕對，總有變動。研究者需根據實際情況來分析和運用。

乙、有效容積利用係數 ηV

即單位爐容每日產量。依據前述的復原，遵化鐵廠大鑑爐的爐容爲 3.5 立方米。產鐵量歷年有高有低。"按歷歲各爐或三四萬，或五六萬，或七八萬。其間蓋或有九十萬者，但亦絕少。"（《鐵冶志·爐冶·大鑑爐》，下同）

最高產量：以正德六年爲例，每爐 90 日煉鐵 97 200 斤，合日鐵產 0.645 噸，則有效容積利用係數：$\eta V=0.184$ 噸［鐵］/（立方米·日）。

平均產量："合先後而總計之，每日約可鐵八百斤。"合日鐵產 0.477 噸，則：
$\eta V = 0.136$ 噸［鐵］/（立方米·日）。

最低產量：以 90 日產 35 000 斤計，合日鐵產 0.232 噸，則：$\eta V = 0.066$ 噸［鐵］/（立方米·日）。

丙、冶煉強度 *I*

即單位爐容每日消耗木炭質量。《鐵冶志·歲出》對冶煉生鐵用木炭量的記載衹有一處：正德五年十二月至六年十一月（1510—1511），郎中李銳轄廠時"每爐每日用炭五千二百五十斤"。每爐每日用炭合 3133 千克，爐容 3.5 立方米，則冶煉強度：

$$I = 0.895 \text{ 噸［木炭］/（立方米·日）。}$$

《鐵冶志》強調這是一個"實爲省約"的消耗量，則之前所用木炭及冶煉強度當高於此。這也說明當時木炭燃料短缺，儘量降低鼓風量，以減小木炭用量。

丁、單位爐容風量

可參考 20 世紀 80 年代山西陽城傳統犁爐冶鐵工藝參數來推算大概。據李達等人調查，華覺明的整理，該類豎爐使用木炭（櫟科櫃子木燒製，不燒透，保持"三茬七炭"）、冷風、原礦冶煉生鐵，爐容 1.80 立方米。[一]根據筆者此前的研究，[二]該爐木炭耗風量 3260 立方米 / 噸，假設遵化鐵廠木炭耗風量與此相同，依據冶煉強度來推算，則遵化鐵廠大鑑爐：

單位爐容風量：2.026 立方米 / 分鐘；

鼓風量：$Q = 7.60$ 立方米 / 分鐘。

戊、噸鐵消耗木炭

正德六年（1511），郎中葉信（正德六年十一月至七年七月管理鐵廠）向工部呈報"歲用大鑑爐五，每爐煉鐵九萬七千二百斤，亦煉生鐵四十八萬六千斤"（《鐵冶志·爐冶》）。當即正德五年的產量。

葉信前任的李銳測定每爐日均用炭 3133 千克。按前述日鐵產以 0.645 噸計，則冶煉 1 噸生鐵消耗木炭 4.857 噸。李銳執掌鐵冶期間，以"實爲省約"的木炭消耗，實現了最高的生鐵產量。若都以此木炭消耗量來計算，則多年的情況如下。

平均消耗量：以日鐵產 0.477 噸計，則冶煉每噸生鐵消耗木炭 6.568 噸。

最高消耗量：以日鐵產 0.232 噸計，則冶煉每噸生鐵消耗木炭 13.504 噸。

〔一〕李達《陽城犁鏡冶鑄工藝的調查研究》，《文物保護與考古科學》2003 年第 4 期，第 57—64 頁。
〔二〕黃興、潛偉《中國古代冶鐵豎爐爐型研究》，第 150 頁。

（二）冶鐵技術比較

遵化的冶鐵豎爐水準截面成長方形，是一種比較少見的爐型結構。筆者近年來考察了國內目前發現的 40 餘處冶鐵豎爐遺址，早至戰國晚期，遲至清代。這些豎爐的水準截面多數是圓形；少數是長方形；個別爲橢圓形，如河南古滎漢代冶鐵豎爐；甚至半圓形，如四川榮縣曹家坪宋明冶鐵豎爐。除了遵化鐵廠，能判斷爲長方形豎爐的還有黑龍江阿城金代冶鐵遺址 4 座，[一]北京延慶大莊科遼代冶鐵遺址群 5 座，但其爐容都不超過 2 立方米。大莊科遺址群的 5 座冶鐵豎爐除了水準截面是長方形，其餘爐型要素，如垂直方向的爐型曲綫、爐後鼓風，以及進風口位於爐腹等明顯吸收中原地區的爐型技術。

將冶鐵豎爐的水準截面設計爲橢圓形、長方形、半圓形，意在減小風口到爐心的距離，以便氣流更容易到達，爐內溫度能夠均勻分佈。河南古滎漢代冶鐵豎爐爐體直徑太大，故而創新性地建了橢圓形豎爐；其他非圓形豎爐的爐徑并不是很大，很可能是出於鼓風壓力不足考慮。在冶鐵場中，鼓風也是最耗費人力的工作，由此可見東漢杜詩發明的水排貢獻之大。然而由於水流的季節性、冬季冶鐵易結冰等原因，很多冶鐵場往往無法常年使用水排，由此影響了鼓風能力，降低了冶煉強度，進而影響單位爐容產量。遵化鐵廠以“每爐每日用炭五千二百五十斤”這個較爲節省的量來計算，冶煉強度爲 0.895 噸 /（立方米·日），明顯低於 20 世紀 50 年代雲南羅茨豎爐的冶煉強度 1.069 噸 /（立方米·日），更低於 20 世紀 80 年代山西陽城犁爐的冶煉強度 1.870 噸 /（立方米·日），[二]導致其單位爐容產量也低於後兩者。這其中也有遵化鐵廠冶煉規模大，木炭資源過度消耗，導致燃料不足，不得不降低冶煉強度的因素。

筆者近年來多次參加古代豎爐冶鐵模擬實驗，[三]所用豎爐水準截面有圓形也有方形。在冶煉中我們發現，在與爐壁相接觸的邊緣區域，木炭堆積的孔隙度明顯大於中心位置，導致煤氣順着爐牆快速上升。這既容易侵蝕爐壁，也縮短了煤氣與礦石的接觸時間，影響加熱和還原礦石。相較於圓形，方形橫截面豎爐的四個拐角處情況會更加嚴重。這是方形橫截面豎爐與圓形豎爐相比一個很明顯的不足。遵化鐵廠大鑑爐也會面臨此問題。對此，我們在加料的時候人工控制，將大塊木炭倒入中心，形成較大孔隙度；將小塊木炭倒在周邊，引導煤氣向中心發展。近代高爐布料時，在爐頂加一個圓錐筒狀料鐘，尖端向上。爐料沿着料鐘外表面滑向四周，落入爐內；此後，大塊爐料更容易滾落，進入爐心，四周接近爐壁處則是小塊爐料。遵化鐵廠大鑑爐也應當通過人工控制爐料分佈，引導爐內煤氣向中心發展。

〔一〕黑龍江省博物館《江阿城縣小嶺地區金代冶鐵遺址》，《考古》1965 年第 3 期，第 124—130 頁。
〔二〕黃興、潛偉《中國古代冶鐵豎爐爐型研究》，第 150—151 頁。
〔三〕2013 年山西陽城古代豎爐冶鐵模擬實驗。2017 年、2018 年四川臨邛四川大學豎爐冶鐵模擬實驗。

從築爐材料、爐體強度和爐型相結合的角度來看。根據目前對全國範圍內冶鐵爐豎爐的考察和古代文獻記載，唐代以前各地的冶鐵豎爐都用夯土築成，唐代以後北方普遍採用石塊圍砌，南方則依然用夯土冶鐵築成。劉海峰等對河南西平、山東臨淄與章丘、北京延慶、山西陽城冶鐵模擬實驗所用爐體材料的成分做了深入分析，也有同樣的觀點[一]。他們認爲材料變化預示著建爐工匠從陶瓷部門分離出來，更加專業化[二]。祇要選料合適，石塊的耐侵蝕、耐高溫、抗剪力等性能都勝過夯土，石砌豎爐的爐腹角可以建得更小、爐腹更加寬敞、爐喉收縮更加明顯，有利於爐體保溫和爐料順行。但小石塊受侵蝕後容易鬆動、脫落，需要用大石塊來砌築，明代遵化鐵廠大鑑爐用"牛頭石"砌築爐身，河南焦作麥秸河北宋豎爐爐腰以上的石塊更大，都是這個道理。用大石塊砌築小容量豎爐，其水平截面自然會砌成方形。

（三）煉鋼技術比較

中國古代生鐵脫碳有鑄鐵脫碳和炒鋼（炒鐵）兩種工藝。前者是將板條狀生鐵在氧化、高溫下以固態從表面脫碳成鋼，至遲出現於戰國初期，如河南登封陽城戰國早期遺址出土熟鐵和中低碳鋼。炒鋼至遲出現於戰國晚期，[三]是將生鐵加熱至半熔融狀態并加以攪拌，氧化脫碳，Si、Mn 等氧化形成夾雜物，再鍛打除雜，效率顯著提高。在漢代河南南陽瓦房莊遺址[四]、鞏縣鐵生溝遺址[五]、遼代北京延慶大莊科遺址群[六]、南宋成都蒲江縣鐵溪村冶鐵遺址都發現炒鋼爐遺跡[七]；但祇剩下"鍋"狀爐底，上部缺失，難以考察全貌。明代《天工開物·五金》"生熟鐵煉爐圖"中的炒鐵爐是方塘狀，[八]尚未發現考古實例。20 世紀 50 年代多地有簡易炒鋼爐，上方加半圓罩，頂部鼓風，側面攪拌。2018 年筆者參與北京大學冶金考古夏令營時，在陝西周原博物館范鑄工藝研究所開展炒鋼試驗，發現炒煉時生鐵放熱很少，溫度下降很快，導致鐵料凝固，難以持續；若在鐵料中加入木炭，燃燒升溫，又會導致增碳。

《鐵冶志》明確描述了遵化鐵廠的反射式炒鋼爐具有重要的史料價值。其以火焰加熱生鐵，能維持高溫，避免凝固，快速脫碳，是一個重要的技術進步。文中沒講到攪拌

〔一〕劉海峰《中國古代製鐵爐壁材料初步研究》，北京科技大學博士學位論文，2015 年，第 126—127 頁。
〔二〕劉海峰、潘偉、陳建立《中國古代生鐵冶煉爐壁材料體系芻議》，《自然辯證法研究》2017 年第 4 期，第 81—85 頁。
〔三〕劉亞雄、陳坤龍、梅建軍、馬庫斯·馬丁諾－特雷斯、孫偉剛、邵安定《陝西臨潼新豐秦墓出土鐵器的科學分析及相關問題》，《考古》2019 年第 7 期，第 108—116 頁。
〔四〕李京華、陳長山《南陽漢代冶鐵》，鄭州：中州古籍出版社，1995 年，第 53 頁。
〔五〕河南省文化局文物工作隊《鞏縣鐵生溝》，第 2—4 頁。
〔六〕北京市文物研究所、北京科技大學科技史與文化遺產研究院、北京大學考古文博學院、延慶區文化委員會《北京市延慶區大莊科遼代礦冶遺址群水泉溝冶鐵遺址》，《考古》2018 年第 6 期，第 38—50 頁。
〔七〕2018 年成都市文物考古研究所發掘，調查組成員有陳建立、黃興、楊穎東、王冬冬等。
〔八〕宋應星《天工開物》卷下，18b—19a。

生鐵，如果不是記述遺漏，那就是溫度足夠，火焰能包圍鐵料，不需或稍微攪拌即可。

17 世紀初，北歐和西歐開始用生鐵冶煉熟鐵。歐洲用炒鋼法冶煉熟鐵始於英國，用改進後的反射爐炒鋼，一直使用到 1930 年左右，在當時被稱爲"震撼大地"的變化。

遵化鐵廠"白作爐"採用生熟鐵合煉成鋼。這與唐順之（1507—1560）《武編》前編卷五記載的第二种"熟鋼"冶煉工藝幾乎相同：

> 熟鋼無出處，以生鐵合熟鐵煉成。或以熟鐵片夾廣鐵鍋塗泥入火而圍之。或以生鐵與熟鐵并鑄，待其極熟，生鐵欲流，則以生鐵於熟鐵上擦而入之。此鋼合二鐵，兩經鑄煉之手，復合爲一，少沙土糞滓，故凡工煉之爲易也。【中略】此二鋼久煉之，其形質細膩，其聲清甚。[一]

生熟鐵在開放的環境中擦拭，会將其中的雜質氧化、排出，而不僅是控制碳的含量和分佈。这比灌鋼法有了明顯的進步。明清時期蕪湖、清代中期湘潭、近代四川等地流行的蘇鋼工藝則更進一步，是將生鐵完全熔化滴落到熟鐵上，進一步減少雜質，硫、磷的含量也很低。蘇鋼應該是在這種"白作爐"製鋼工藝（或"熟鋼"）上發展起來的。

當前冶鐵史研究多以《武編》的記載爲根據，論述此種工藝的出現時間。唐順之生活在嘉靖年間（1522—1566）。《鐵冶志》對白作爐工藝描述表明，這種工藝在正德八年（1513）之前已經出現。

（四）木炭危機

遵化鐵廠的木炭危機并非個例。有史以來，人類開墾耕地、使用木材、燃燒木料等活動導致森林覆蓋率不斷降低。自 15 世紀初明朝遷都北京，北直隸地區大興土木，營造宮殿、民居，加之生活使用木料，官民取暖、冶鐵等，這一問題日漸突出。

明初燕山地區森林資源原本豐富。馬文昇（1426—1510）《爲禁伐邊山林木以資保障事疏》述及成化（1465—1487）以前森林分佈狀況，"自偏頭、雁門、紫荊、居庸關、潮河川、喜峰口直至山海關一代，延袤數千里，山勢高險，林木茂密，人馬不通"。遼金時期，北京地區逐漸成爲政治和人口中心。15 世紀，作爲京畿所在的燕山地區林木資源迅速減少，并對海河流域生態環境造成了毀滅性破壞，流域水分涵養能力下降，生態失衡、水土流失，導致災害頻仍。[二]

在今天來看，若能做好規劃，及時種植和養護樹苗，實現可持续利用，形勢不至

〔一〕唐順之《唐荊川先生纂輯武編》前卷五，6b-7a，《中國科學技術典籍通匯·技術卷》第 5 冊影印萬曆四十六年刻本，鄭州：河南教育出版社，1994 年，第 317—318 頁。

〔二〕暴鴻昌《明代長城區域的森林採伐與禁伐》，《學術交流》1991 年第 3 期，第 123—125 頁。劉洪升《明清濫伐森林對海河流域生態環境的影響》，《河北學刊》2005 年第 5 期，第 134—138 頁。

於如此嚴峻。實際上，早在成化二十三年（1487），丘濬（1421—1495）上《大學衍義補》，已經提出這樣的建議。[一]他建議把禁伐與植樹、樵採三者結合起來，自山海關而西，近邊內地"沿山種樹，一以備柴炭之用，一以爲邊塞之蔽，於以限虜人之馳騎，於以爲官軍之伏地"；相應派員專職種植、看護樹木，并且安排罪犯按照罪行輕重種樹，作爲懲罰。這樣的建議并未得到採納。雖然出於邊防安全等原因，政府禁伐邊林的力度一度很大，但邊境戰事稍有緩和，官盜勾結砍伐森林的事情就會增多，而且砍伐出來的空地多被權貴圈佔。再加上明代中後期起進入小冰期，全球氣候變冷。明代北方木炭危機是資源、氣候和權貴利益等多層面共同造成的，以當時的社會管理能力實難解決。

丘濬還建議推廣在取暖時以煤代薪，然未見其提出以煤煉鐵。中國古代用煤的歷史可追溯到很早。北魏酈道元《水經注》卷二引《釋氏西域記》（4世紀）提及屈茨（庫車）附近曾用煤煉鐵。1078年北宋蘇軾任徐州地方官，作《石炭》詩贊揚用煤鍛鐵的好處。[二]17世紀中期，方以智《物理小識》（1650年前後成書）記載了煉焦及用焦炭煉鐵。[三]孫廷銓《顏山雜記》（1664年成書）也有關於焦炭和用焦煉鐵的論述。[四]孫廷銓曾於康熙二年（1663）請山西冶鐵工匠到青州用焦炭煉鐵。[五]

現代高爐冶煉需要將煤煉製成焦炭，再投入高爐。古代直接用煤煉鐵會帶來很多問題。煤在高溫下較爲柔軟、易鬆散，難以對爐料提供堅實支撐。筆者近年來在湖南桂陽礦冶考古夏令營中，也曾用豎爐、煤開展煉鉛試驗，還發現因爲煤的密度顯著大於木炭，爐缸壓力顯著增加，鼓風、排渣困難；用通條清理爐門、捅風口的難度也增加等；且同等爐容所需風量隨之增加，易燃燒不充分導致爐溫下降。這些文獻所記載的是否是用煤冶煉生鐵受到懷疑；是塊煉鐵、坩堝煉鐵或是鑄鐵、鍛鐵的可能性似乎更大一些。[六]但这样也有问题。煤中的硫會滲入鐵中，形成熔點爲1 190℃的硫化亞鐵（化學式：FeS）。FeS+Fe 共晶體的熔點更低，爲989℃，以離異共晶的形式分佈在晶界上。熱鍛加工時，常會加到1 000℃以上，FeS+Fe 共晶熔化，導致鋼開裂，即造成鋼的熱脆性。

山西陽城在很長一段時間内就使用"白煤"（一種高品質的無煙煤）來煉鐵。無煙煤固定碳含量高，揮發分産率低，密度大、硬度大、燃點高、發熱量高。李延祥等人在河北武安地區的考古調查和發現也支持北宋時期存在煤煉鐵。[七]古代是否曾經用煤冶煉

〔一〕丘濬《大學衍義補》卷一五〇，4b，中國國家圖書館藏崇禎間陳仁錫刻本。
〔二〕蘇軾著，李之亮箋注《蘇軾文集編年箋注》，成都：巴蜀書社，2011年，第180頁。
〔三〕方以智《物理小識》卷七，孫顯斌、王孫涵之整理，長沙：湖南科學技術出版社，2019年，第538頁。
〔四〕孫廷銓《顏山雜記》卷四，《景印文淵閣四庫全書》史部第592冊，第3頁。
〔五〕毛永柏修，劉耀椿、李圖纂《青州府志》卷三十二，5b，咸豐九年刻本。
〔六〕劉培峰、李延祥、潘偉《煤煉鐵的歷史考察》，《自然辯證法研究》，2019年第9期，第85—90頁。
〔七〕目前，北京科技大學李延祥教授等在河北武安地區發現了多處冶鐵遺址，其中一些係用煤煉鐵，其研究成果尚未發表。

生鐵，怎樣用煤煉鐵尚需深入調查研究。此外，明清時期，山西多地採用坩堝煉鐵，將礦石、還原劑裝入長筒狀坩堝，再集中放置在方形爐中冶煉。這樣對燃料的強度要求降低，可以使用煤做還原劑和燃料，但其含硫量還是顯著高於木炭。明代中期以後，冶鐵中心逐漸向福建、廣東一代轉移，南方冶鐵品質逐漸超越北方。正如萬曆年間趙士楨《神器譜》（1598）所言：“製銃須用福建鐵，他鐵性燥，不可用。煉鐵，炭火爲上。北方炭貴，不得已以煤火代之，故迸炸常多。”[一]

歐洲冶鐵業在 16 世紀也遭遇燃料危機，17 世紀有人嘗試實用坩堝裝煤煉鐵未獲成功。17、18 世紀之交，英國人達比（Abraham Darby，1678—1717）發明并逐漸改進煉焦技術，提升燃料強度，降低硫含量。由此人們先後改用蒸氣機帶動機械鼓風，采取改善爐型等措施，通過一系列的技術革新，最終形成了一個新的技術體系。這些不僅實現了煉鐵燃料的轉化，而且爲工業化生產奠定了基礎。

相比之下，明代囿於技術傳統，没能做出類似的技術革新。傅浚《鐵冶志》講道，隨著過度開採，山木逐漸枯竭，有人到空地墾田，則需按地畝數繳納木炭，而這些木炭來源於山場以外。這種按地畝數繳納木炭的措施衹是經濟管理層面的改革。

五、結語

藉助《鐵冶志》中對鋼鐵技術的文獻記載，結合田野發現、實驗室分析，相互補充、印證，再借助計算和復原，可以清晰地看到遵化鐵廠採礦、生鐵冶煉、脫碳、製鋼等技術，測算鋼鐵產品的產能與產量，以及木炭和林木資源的消耗等數據。研究表明，遵化鐵廠上承燕山地帶遼金時期豎爐冶鐵技術，應用了反射式脫碳爐，進一步發展了灌鋼技術，已接近近代蘇鋼工藝。15—16 世紀，遵化鐵廠的鋼鐵技術及其大規模冶金活動的管理和運營能力在全世界的範圍內仍然保持領先。遵化鐵廠爲增强明朝軍事力量，抵禦北方民族軍事入侵，維護國家安全提供了有力支持。

《鐵冶志》也明確反映出明代中國冶鐵業蘊藏的危機。鋼鐵生產消耗大量木炭，所需的硬質林木資源短期內不可再生，導致成產成本日益增加。這一現象在各地普遍存在。這也説明中國古代傳統鋼鐵技術體系遭遇歷史性挑戰，亟待重大創新和突破。遵化鐵廠的鋼鐵技術囿於傳統知識體系、社會生產體系和市場體系，各個環節上都未能形成突破性發展，未能帶動社會生產力的全域進步。這也是明清時期傳統技術發展普遍狀況。

附記：承蒙潛偉教授、陳虹利博士提供重要數據和圖片，謹此致謝。

〔一〕趙士楨《神器譜》，26b，鄭誠整理《明清稀見兵書四種》影印萬曆間單刻本，長沙：湖南科學技術出版社，2018 年，第 68 頁。